低碳农业技术

超高茬麦（油）套稻技术问答

（第二版）

顾克礼　蒋植宝　郭勋斌　编著

中国环境科学出版社·北京

图书在版编目（CIP）数据

超高茬麦（油）套稻技术问答/顾克礼，蒋植宝，郭勋斌编著. —2 版. —北京：中国环境科学出版社，2011.7
ISBN 978-7-5111-0574-5

Ⅰ. ①超… Ⅱ. ①顾…②蒋…③郭… Ⅲ. ①小麦—套作—水稻—问题解答 Ⅳ. ①S512.104.7-44 ②S511.047-44

中国版本图书馆 CIP 数据核字（2011）第 082329 号

责任编辑 孟亚莉
责任校对 扣志红
封面设计 彭 杉

出版发行 中国环境科学出版社
（100062 北京东城区广渠门内大街 16 号）
网 址：http://www.cesp.com.cn
联系电话：010-67112765（总编室）
发行热线：010-67125803，010-67113405（传真）
印 刷 北京东海印刷有限公司
经 销 各地新华书店
版 次 2002 年 3 月第 1 版 2011 年 7 月第 2 版
印 次 2011 年 7 月第 3 次印刷
开 本 787×1092 1/32
印 张 5.25
字 数 105 千字
定 价 10.00 元

一项低碳创新稻作技术
——超高茬麦（油）套稻

（再版序言）

周振丰

江苏省扬州市农科院开发创立的超高茬麦（油）套稻的栽培技术，经多年示范种植推广，不仅显现生态环保、高产稳产、改良土壤、省工节本和增加农民收入的明显优势，而且越来越表明是一项低碳的创新稻作技术。

有关专家认为，这项技术为我国水稻栽培走低碳技术路线展现出广阔的前景，在我国稻麦（油）两熟地区具有推广价值。

超高茬麦（油）套稻，是指在三麦灌浆（油菜结角）中后期，将经过处理后的稻种直接撒于麦田（油菜田），麦（油）收割时留高茬，脱粒后的秸秆（菜壳）就地覆盖大田，稻田上水后任其自然腐解还田，促进水稻生长的一种仿原生态免耕栽培新技术。

近 16 年来，这项技术在江苏省内外进行多点示范种

---

* 本文作者系新华社高级记者。

植，累计推广应用面积 500 万亩左右，并先后 20 多次组织专家实产验收和技术论证，证明其环保、高产、改土、省工节本和农民增收的优势十分明显。采用这种栽培技术种植的水稻，由于每亩 400～500 公斤秸秆全量原地返还土壤，不用焚烧，不仅可以使大气和水避免污染，保护环境，而且连续三年秸秆还田，土壤有机质还可提高 0.21 到 0.28 个百分点，地越种越肥；每亩稻谷产量与传统种法相比增产 5%或至少也平产，高产田块亩产达 700 公斤以上；由于用不着留秧田育秧，前茬种麦面积还可增加 10%左右，这 10%的麦田面积也可增产相应的粮食；每百斤稻谷的出米率比传统种法高出 2 个百分点，且米的品质好；每亩节省 20%化肥，加上不用耕田耙田节省柴油，不用大水泡田，不用插秧，农民每亩省工节本增收达 150 元左右；由于外出打工的农民不必回乡过农忙整田插秧，这既增加了农民的劳务收入，又确保了农村可以转移出更多的劳动力支援工业和城市建设。这项栽培新技术，其优势是较为明显的。

超高茬麦（油）套稻这项创新技术，是在初步解决了秸秆全量自然还田、全苗匀苗、杂草与杂草稻有效防控等技术难题后获得成功的，前后用了 20 多年的时间。在反复实践的基础上，江苏省质量技术监督局已对这项创新技术颁布了 3 个地方标准。有两项创新还获得了国家发明专利。参加现场观摩和验收鉴定的专家一致认为："这是一项耕作制度的创新、栽培技术的革新"，"环境、经济、社会效益明显，具有较强的适用性"，"在南方稻麦产区很有推广价值”，技术“居国际先进”。

21世纪以来，这项技术先后被列为科技部、农业部联合推荐的《秸秆综合利用技术》首选技术，国家环保重点推广实用技术和农业部优势农产品重大技术推广项目，在江苏省内外进行示范推广。在江苏扬州和泰州一带农村，这项技术正日益被许多农民自觉选用，特别是成为种粮大户的首选，并出现连续应用10年以上的村组，连续应用5年以上的万亩乡镇，深受农民的欢迎和喜爱，在一些农民群众中已深深扎根。

2009年8月，国务院参事、原农业部副部长刘坚同志专程赴扬州，对采用这项栽培技术种植的水稻进行多点现场考察，在与当地一些多年种植超高茬麦（油）套稻的农民作深入交流了解后，对这项创新技术也给予了肯定。

尽管这项技术尚待进一步深化研究与完善，但随着低碳经济的提出并日益被重视，人们对这项技术的认识，已远远超出原来的生态环保、高产稳产和节本增收的范畴，更重要的是，已觉得它是应对当前气候变暖的一项重要的低碳创新技术了。这项技术集免耕、免插、免烧秸秆、节减化肥和柴油汽油、秸秆自然覆盖等特点于一身，低碳的优势越来越被人们所认清和重视。

经专家测算，按照这种技术路线种稻，与育苗移栽方法相比，每亩可以减少二氧化碳排放量至少在800公斤以上。分类细算如下：

（1）免耕田每亩节省柴油2.5公斤左右，按每减少1

公斤柴油减排3.18公斤二氧化碳计算，减排8公斤左右。

（2）免插秧每亩节省机插汽油0.4公斤左右，按每减少1公斤汽油减排3.08公斤二氧化碳计算，减排1.23公斤左右。

（3）节减化肥20%，按每亩减少使用尿素8.7公斤、生产1公斤尿素产生2.1公斤二氧化碳计算，减排18.3公斤。

（4）秸秆覆盖比旋埋减排65%甲烷，按最低换算标准计算，每亩折减二氧化碳777.5公斤（据中国农业大学研究资料分析，甲烷温室效应是二氧化碳的21～72倍，按21倍折算）。

实践表明，超高茬麦（油）套稻这项创新技术，不仅是我国农业走可持续高产稳产之路的一项重大的农业革新技术，而且也是应对当前全球气候变暖，减少二氧化碳排放的一项重要的低碳环保技术，它在加快我国经济发展方式转变的进程中，必将日益发挥出明显的作用。

2011年5月

第一版序

邵达三

超高茬麦（油）套稻技术是在引进日本福冈正信自然农法机理的基础上，结合我国现代农业发展的实际，自 20 世纪 80 年代起，经过十多年来的系统研究和在省内外不同生态区示范应用，初步形成的配套稻作新技术体系。超高茬麦（油）套稻技术特点是遵循基础自然观的哲理，顺应自然发生发育规律，充分运用和发挥自然资源优势，在种植业生态中免去人为的繁琐和无为的劳动。科学地总结和重新认识种植业的传统工艺，免去了耕翻和整地，免去了育秧和移栽，实行麦（油）田套播水稻与机收相结合的秸秆全量自然覆盖还田。其一季麦（油）秸秆还田量可达 400 公斤左右，不仅能补充稻作土壤有机碳消耗，而且可明显地增加土壤有机质积累。这项技术有利于改善土壤耕性，培育土壤生物活力，持续提高土壤肥力，促进环境、社会和经济的良性发展；有利于农业有机废弃物的资源化利用，充分发挥农业生态系统内的自然调节机制。最大限度地减少农业生产对外

* 本文作者系原江苏农学院教授，我国著名耕作学家。

部物质的依赖，建立科学的综合农艺措施和健康的生态环境，发展优质无公害生产，提高农产品质量，增强农产品在国内外市场的竞争力，实现农业增效、农民增收。

超高茬麦（油）套稻技术是利用前茬自然覆盖的一种特殊的免耕直播稻作，可提高复种指数，并选用生育期较长的高产品种，既充分利用自然生长季节，发挥增产潜力，又缓解了“三夏”大忙劳动力紧张的矛盾；既省工、节本、增效，又减轻了农业劳动强度，保障了农村劳动力转移，有效地促进了农业结构调整，是一项深受农民欢迎的耕作栽培创新技术。在经济发达地区，运用这一特定耕作制度，能有效地解决农村屡禁不止的焚烧秸秆、污染环境的难题，特别在飞机场附近和交通道路沿线，杜绝焚烧秸秆的效果尤为显著；在生态农业建设地区，运用这一特定耕作制度，有利于农业面源污染防治和安全清洁生产。2000 年江苏省质量技术监督局审定通过了该技术的地方标准，2001 年正式颁布实施（DB32/T 423—2001），为大面积推广应用奠定了技术基础。这项技术在稻麦（油）两熟地区具有广阔的应用前景。

超高茬麦（油）套稻课题组为使该技术成果快速转化为现实生产力，由顾克礼组织编写《超高茬麦（油）套稻技术问答》一书，以解决现实生产问题为主要目标，引用多年来大量的试验研究资料，采取问答形式，详尽地阐述超高茬麦（油）套稻的技术机理和稻作分阶段栽培技术要点，内容丰富，简明扼要，易为广大农民群众掌握应用。该书对超高茬麦（油）套稻技术的发展推广，将发挥重要的指导作用。同时，对于从事耕作栽培技术和秸秆还田研究及推广工作的科技人员，对于从事生态农业建设和环境保护工作的有关领导、科技人员，也具有很好的参考价值。

《超高茬麦（油）套稻技术问答》是集多熟种植、旱育、免耕、免插和秸秆全量自然还田于一体的稻作新技术成果汇集，是多年来进行试验、示范、推广相结合的产物。愿她在《中国21世纪议程》的实践中，不断认识、不断创新，以充分适应人们愈趋强烈的回归自然的心愿；愿她成为一块引玉之砖，引来实施有机农业直至自然农业的盛开之花，为解决生态环境、粮食安全和农产品质量等问题，促进农业可持续发展作出新贡献。

2002年3月

江苏“低碳农业”新技术调查分析

孙 彬 陈 刚

由江苏省扬州市农科院（江苏里下河地区农科所）牵头研发20多年，并在扬州、泰州等地经过16年应用检验的自主创新“超高茬麦（油）套稻技术”，具有免耕省工、降本增效的优点，不仅提高了农民的收入，还有效解决目前困扰各地的秸秆焚烧问题，受到广大干部群众的欢迎和农业专家的肯定，这一低碳农业新技术亟待引起各地政府重视并进行推广。

“麦（油）套稻”节本增收受到广泛欢迎

在今年水稻收割前夕，记者在扬州宝应县泾河镇张北村三星组徐广余家里的稻田里看到，采用“超高茬麦（油）套稻技术”播种的连粳7号长势喜人，再过几天就将收获，当地农技推广部门测产的情况是：每亩25.9万穗，穗均113.5粒，预测千粒重26.5克，亩产701.1公斤。

43岁的当地农民薛腊梅告诉记者，她家也用这一技

---

* 本文作者系新华社记者。载《新华社高管信息 江苏领导参考》（2010年第50期）。

术种了 8 亩水稻，由于既不用耕地也不用栽秧，在外打工的丈夫现在连农忙也不用回家，秸秆还田使化肥也比其他种植技术少用了四分之一。她说：“技术并不复杂，农民实践 1 年就能指导他人。”

据了解，“超高茬麦（油）套稻技术”，是在三麦灌浆（油菜结角）中后期套播水稻，麦（油）收割时留高茬，脱粒后的秸秆（菜壳）就地散开、就近埋入墒沟或自然条带，任其在稻作期间自然腐解的水稻高产优质高效安全生态栽培新途径、可持续低碳农业新技术。

泰州姜堰市白米镇大安村村支书张宏珍介绍，去年全村麦（油）套稻面积 1 200 亩，占总面积的 63%，实收亩产 600 公斤左右，而当地常规稻作当年亩产 550 公斤左右。麦（油）套稻每亩节约耕作费 60 元，节约育秧插秧成本 120 元，为全村农民增收 20 多万元，还有效解决了秸秆焚烧问题。

张家港市乐余镇农技中心主任杜玉彬说，该镇已采用麦（油）套稻技术 10 多年，开始由一位种粮大户带头搞，面积达千亩，至今未间断。去年一位种粮大户种 50 多亩，平均亩产达到 680 公斤，而当地机插秧亩产为 600 公斤左右。

记者了解到，这项技术 16 年来，在江苏、上海、四川、山东、安徽、湖北、河南、贵州等稻麦（油）两熟省市先后示范成功，累计推广面积超过了 500 万亩，并先后 20 多次组织专家实产验收和技术论证，证明其高产、环保、改良土壤、省工节本和农民增收的优势。

扬州市分管农业的副市长纪春明将这一技术的优势概括为“秸秆不焚烧、插秧不弯腰、产量稳而高、节本又增效”。

低碳农业技术有助破解四大难题

江苏省扬州市农科院（江苏里下河地区农科所）的顾克礼等几位专家介绍，与传统技术及国际领先的日本、韩国机插稻技术相比，麦（油）套稻有助于破解农业生产中的节能减排、耕地培肥、粮食安全、农民增收等四大方面的难题，具有广阔前景。近年来，该技术先后列为科技部、农业部联合推荐的《秸秆综合利用技术》首选技术，国家环保重点推广实用技术。

一是节能减排。“超高茬麦（油）套稻技术”集免耕、免插、免烧秸秆、秸秆自然覆盖、节减化肥等低碳特点，每亩可减少二氧化碳排放 800 公斤左右。如全国十多个省市稻麦（油）两熟适宜地区推广三分之一即 5 000 万亩，可年减排二氧化碳 4 000 万吨。

以免耕为例，可节省柴油 2.25 ~ 2.75 公斤/亩，按每公斤减排 3.18 公斤计，共减排 7.16 ~ 8.75 公斤；免烧秸秆 400 公斤/亩左右，按每公斤减排 1.8 公斤计，减排 720 公斤；甲烷温室效应是二氧化碳的 21 ~ 72 倍，按 21 倍折算，秸秆覆盖比旋埋减排 65%甲烷，折减排二氧化碳每亩 777.5 公斤。另外还有免插秧和少用肥料的减排效果。

二是耕地培肥。每亩 400 ~ 500 公斤的秸秆连续三年全量自然还田，可使土壤耕层有机质提高 0.21 ~ 0.28 个百分点，有利于解决我国耕地质量下降的矛盾。

三是粮食增产。与传统稻作相比，不用秧田可增加夏粮面积10%左右；水稻单产持平或增产5%左右并具有超高产潜力；出米率提高2个百分点（比引进的国外机插稻提高3个百分点）。如全国适宜地区推广三分之一，即5 000万亩，在不增加耕地的情况下，可年创增粮食35亿公斤左右（扩大夏粮面积500万亩，多产小麦15亿~20亿公斤；增产稻谷12.5亿公斤左右；多出米5亿~7.5亿公斤，折稻谷6.5亿~10亿公斤）。

四是农民增收。比传统稻作每亩节本增收150元以上，比引进的日韩机插稻技术节本增收80元左右。如全国适宜地区应用三分之一面积，可使农民种粮年直接增收80亿元（比传统稻作）或40亿元（比引进的国外机插稻），农忙转移劳动力间接增收户均千元左右，有利于整村推进农民脱贫增收。

扬州、泰州等地涌现出连续应用10年以上的村组、连续应用5年左右的若干个万亩乡镇，农民实现了节本增收。姜堰市农业局办公室主任、推广研究员蒋植宝表示，该市从1995年起应用麦（油）套稻技术，目前面积已达13万亩。

亟待引起各地政府重视加以推广

从扬州等地多年来的实践经验来看，由于这项技术是对传统水稻栽培技术的挑战，在示范推广中遇到了来自多方面的阻力。有的农学专家认为，精耕细作才是现代农业的方向；有的农机专家认为，引进使用国外机插稻才是当代技术，对自主创新技术缺乏信心。

针对麦（油）套稻技术推广存在的困难，基层农业干部和农民认为，在推广上要注意关键技术到位，需要行政推动和典型引路，需要有负责的干部具体抓。他们表示，在各种稻作技术之间，应当采取可争议不可歧视、要竞争但不要诋毁的态度，有关部门应当通过实地调研，整体评估综合效益的角度进行这一新技术的认证。专家和基层农业工作人员提出政策扶持等建议，呼吁进行全国推广。

一、组建协作组。20 世纪 90 年代，国务院办公厅曾为引进的一项日本农业技术（“旱育秧”）专门发文，全国组建了协作组，使该技术迅速在全国得到推广。专家建议仿效其成果转化办法，组建国家成果转化协作组。

二、列入国家重大科技专项，专款资助成果转化。经费用于阶段成果加速转化、理论深化研究、实用技术与时俱进不断创新。国家相关部门及稻麦（油）两熟相关省（市）列入重大项目资助，如秸秆综合利用、农业资源开发、科技扶贫、科技进村入户、耕地培肥、农产品质量建设、生态农业、航空与交通安全等。

三、重点地区政策扶持。对于敏感地区如重点秸秆焚烧区，着眼于安全生产和环境保护，强化行政推广和“一把手”考核，出台对农民应用自主创新成果的补贴（至少与较为耗能的现行机械还田享受同等扶持待遇），从根本上解决屡禁不止的秸秆焚烧难题。

目　录

一、技术概述

1. 什么叫超高茬麦（油）套稻

超高茬麦（油）套稻是一种低碳种稻技术。在三麦灌浆（油菜结角）中后期，将处理后的稻种直接散播到三麦（油菜）田面。麦（油）收割时，留茬20～30厘米自然竖立，脱粒后的秸秆（菜壳）就地散开、就近埋入墒沟或自然条带，任其自然腐解的高产、优质、高效、生态、安全的轻型稻作。

超高茬麦（油）套稻有两种模式："共生套稻"和"套直播稻"。

2. 什么叫共生套稻

共生套稻是超高茬麦（油）套稻的模式之一。其主要特点是，套播期参照水稻品种在当地常规露地育秧的最佳播期，与三麦（油菜）形成一定的共同生长期。该模式有利于应用生育期较长的高产、超高产水稻品种，有利于进一步提高米质。该模式要求套播时水源充足灌排方便，上年无落地杂草稻（红米稻）或杂交稻。

3. 什么叫套直播稻

套直播稻是超高茬麦（油）套稻的模式之一。其主要特点是，套播期在麦（油）收割前 1～3 天，又称之为“无共生期”或“零共生期”麦（油）套稻。该模式有利于解决上年落地杂草稻（红米稻）或杂交稻难题，也适用于温光条件具备的直播稻种植地区及丘陵等相对缺水稻区。

4. 超高茬麦（油）套稻技术来源何处

超高茬麦（油）套稻是一项引智集成创新技术。

20 世纪 80 年代初引进日本福冈正信的自然农法新理念后，借鉴我国侯光炯先生的垄作自然免耕技术、邵达三教授和黄细喜教授的少免耕技术，参考国内曾经研究过的麦套稻经验，重点研究以免耕套播水稻与机收秸秆全量自然覆盖还田相结合的耕作栽培技术新体系。在农业结构调整的新形势下，进一步将本技术延伸到油菜田套稻开发应用。江苏省质量技术监督局 2001 年制定、2005 年修订了江苏省共生麦套稻地方标准，2006 年制定了共生油套稻地方标准，2010 年制定了无共生期套直播稻地方标准。

5. 超高茬麦（油）套稻经过怎样的技术论证

1998 年 12 月，科技部成都秸秆综合利用技术研讨会上，超高茬麦田套稻与秸秆过腹还田两个单项技术被列为大会开幕式典型交流；1999年4月，科技部在北京组织专家组对全国秸秆综合利用技术进行论证，江苏推荐的这项创新技术获最高分，专家组认为“技术成熟、简便易行、成本低，在南方稻麦产区很有推广价值”；2000年6月，在国家环境保护总局石家庄秸秆禁烧与综合利用会议上，科技部和农业部联合向全国发放技术光盘，推荐超高茬麦田套稻技术为秸秆综合利用的首选技术；2001年列为国家环境保护重点推广技术；2004年列为农业部全国优质稻主产省一级培训班重点培训内容；2007年列为农业部重大技术推广项目，列为国务院扶贫办科技扶贫项目。

2001年江苏省专家组依据国内外资料查新，作出如下鉴定结论：“这项研究通过栽培、耕作技术的创新，解决了多熟制地区秸秆全量还田和焚烧秸秆污染环境的难题，居国际先进。”

1997—2010年连续14年21次各级专家组现场评议、实产验收或论证鉴定结论：“环境、经济、社会效益明显，具有较强的适用性。”“单位面积产量与人工移栽稻无明显差异，高产田块产量可达750公斤。”

6. 超高茬麦（油）套稻与国内外同类技术的比较优势是什么

与引智技术相比，创新了与前茬收割同时实现留高茬、散铺、埋墒沟的“三合一”就地、简便、全量自然覆盖方法，解决了国外技术秸秆来回搬运的“麻烦”，并且延伸到油菜田套稻的研究与大面积应用。

与日本的机械开沟套播技术相比，我国技术免除了专用机械设备，节省了能耗和原材料消耗。

与日韩先进的机插稻技术比，我国自主创新成果超高茬麦（油）套稻技术，至少在下述几个方面优势显著：第一，在秸秆资源循环利用方面，农民更容易接受成本低、操作简易的套稻秸秆自然还田方式。第二，在能源耗费方面，国外机插稻技术不仅需耕田整地耗费柴油，且增加机插耗费汽油。而我国该项自主创新无须耕田整地，无须插秧，可每亩节油 2.5 公斤左右。此外，还节省了大量的原材料耗费。第三，在农民种粮效益方面，据江苏省几种稻作方法效益分析，机插稻比手栽稻节本增收平均每亩 80 元左右，而超高茬麦（油）套稻比手栽稻节本增收每亩 150～200 元。第四，免耕套稻米质优于机插稻，尤其是出米率可高出 3.4 个百分点。

7. 超高茬麦（油）套稻有何技术特征

①水稻在前茬生长期间套种，呈自然旱育状态，简化了育苗移栽繁杂工序；

②全免耕加高茬自然竖立，保持土体自然状态，防止了水土流失；

③秸秆全量自然覆盖腐解，免除了机械掩埋或焚烧、遗弃陋习；

④保留了前茬田间沟系，一沟两用，优化了水稻生态环境。

8．超高茬麦（油）套稻技术流程是什么

稻种处理→适期直接套播于麦（油菜）田面→共生套稻速灌速排→收麦（油菜）时留茬20～30厘米→脱粒后的秸秆、籽壳就地散开、就近埋入墒沟或自然条带→让茬后湿润5～7天→薄水勤灌→少吃多餐平衡施肥→杂草与杂稻综合防除

9．超高茬麦（油）套稻有何技术关键

①以浸种破胸、套播后速灌速排为关键的共生套稻全苗匀苗技术；

②与多种收割机械相适应的秸秆全量自然还田技术；

③以前茬和本茬同步化除为主要手段的综合灭草技术；

④以控制大田落地杂草稻（红米稻）基数为重点的杂草稻清除技术；

⑤以分蘖期少吃多餐施肥、中期水肥齐促、后期节氮为原则的水肥运筹技术。

10．麦（油）套稻生育期有何变化

超高茬麦（油）套稻全生育期比同期播种的同品种常规育苗移栽稻延长3～5天，常规稻和杂交稻皆有此趋势。与麦后直播稻相比，成熟期提前3～5天。

11. 麦（油）套稻叶片生长有何特点

出叶速度与总叶片 超高茬麦（油）套稻特别是共生套稻，其前期秧苗旱育生长，处于缺水少肥少光照环境下的时间一般可达20天左右，因而明显抑制着叶片的生长，出叶速度缓慢，让茬时比同期常规育秧移栽稻叶色低1级，叶龄只有对照的1/2左右。

前茬让茬后，随着水、肥、光照等条件的改善，叶片生长显著加快，与对照差距越来越小。研究认为，让茬后半个月左右起，叶片日增长量平均比对照高32.3%，且持续一个月左右，生长中期叶片数逐渐接近常规育秧移栽稻。

与同期播种的育秧移栽稻和半旱直播稻相比，套稻总叶片数相仿或少0.5叶左右。

功能叶片及叶面积 超高茬麦（油）套稻愈往中后期，植株绿叶愈多，尤以后3张主要功能叶叶面积大、功能期长，直至成熟期，套播稻单茎一般仍保持着绿叶2张左右，呈典型的秆青籽黄、活熟到老长势长相。

测定了套播籼稻抱茎各叶片长度及其叶面积表明，愈往后期，与移栽稻的差距愈小，且剑叶面积大33.7%。测定了套播粳稻叶面积表明，最上部3张功能叶片皆宽于抛秧和麦后旱直播稻，且叶面积最大。江苏丹阳示范应用进一步证实，亩产650公斤左右的武运粳7号其最大叶指为6.06，齐穗后20天为4.43，成熟期3.28，叶指下降分别为54.34米^2/日和22.55米^2/日，比相邻抛秧稻分别减少 27.33 米^2/日和 11.9 米^2/日，且后 3 张功能叶皆宽于对照，尤以剑叶既长又宽，叶面积多 32.8%。

超高茬麦（油）套稻群体叶面积指数上升速度快，下降缓慢，光合功能强，植株后期有利积累光合产物和提高籽粒灌浆速度，从而促进籽粒充实饱满，减少空秕粒，提高千粒重。

叶绿素含量 从顶部叶片（剑叶与倒 2 叶）的叶绿素含量来看，开花后 20 天内 3 种不同耕作方式相近（43 毫克/克），开花 20 天后，移栽稻及埋草稻的叶绿素含量急剧下降，叶绿素含量日平均下降分别达 1.21 毫克/克、1.23 毫克/克，而套播稻下降速度平稳，日平均下降 0.79 毫克/克。开花后 40 天成熟前，套播稻叶绿素含量仍达 24.8 毫克/克，比对照高 47.6%。

12. 麦（油）套稻根系发育有何特点

超高茬麦（油）套稻属免耕种植法。邵达三教授等研究了免耕条件下的水稻根系，认为免耕水稻根系活力强。有关研究表明，由于保持了前茬田间一套沟和土体稳态结构，易于形成通气式土壤，为水稻根系发育创造了良好的土壤条件，好气性的微生物群体在土壤通气条件下活动旺盛，有利于难溶性养分分解，因而增强了土壤中速效养分的含量，提高了供肥强度。苗期旱长的水稻根内存在多量淀粉，在土壤还原条件下抵抗力强，不易发生根腐现象；而苗体内含氮率较水育秧苗高，发根力强。套播稻根分枝多，根毛密，根土接触面大，虽共生期间生长迟缓，早期发根少，但中后期根量剧增，尤以根系活力最强、衰退缓慢，加之根系94.5%集中在0~7厘米土层内（移栽稻为87.8%），即上层根量大，十分有利于水稻中后期对肥料的吸收和利用。

13. 麦（油）套稻根量表现如何

历年研究认为，不同籼粳稻品种套播栽培，其共生期间及分蘖盛期之前根量较少，单株根量皆为常规育苗的1/2左右。剪根水培3天，单株平均发根数甚至只有对照的1/10左右。扬大农学院对套播17天的秧苗进行水培试验发现，水培7天，虽发根条数少，但平均根长翻了一倍。

超高茬麦（油）套稻拔节后根量急剧增加，孕穗期至齐穗期是根量增长的高峰期，到齐穗期超对照。

14. 麦（油）套稻根质表现如何

水稻栽培有一俗语：白根有劲，黄根保命，黑根送命。超高茬麦（油）套稻虽然在根的数量上表现为前期显著少，但在中后期迅速增长赶超移栽稻，在整个生育期中皆表现为良好的根质。

据共生期20天左右的套播稻让茬后测定，尽管皆为独秆苗，但全部是白根，平均为5.9条，比同期已带2个分蘖的移栽稻秧苗单株白根仅少1.5条；7月中旬白根26条，比对照多91.5%；8月底达58.4条，约为对照的9倍。

分析了白根与黄根比值认为，超高茬麦（油）套稻各期比值皆显著高于同期育秧移栽稻和半旱直播稻，尤以齐穗期白根比值达对照的 3～4 倍。

伤流量是根系活力的一项检测指标。1994 年研究认为，灌浆末期伤流量仍比常规育苗移栽稻高 0.3～1.6 倍；2003 年研究测定结果表明，套稻的根系活力一直较高，尤以分蘖末的生育中期最高，根系活力（α-萘胺氧化法）达 44.8 微克/（小时・克），比埋草栽稻、根茬栽稻分别高 51.4%、39.1%。开花后仍能保持较高的根系活力，直至成熟，有利于水稻后期秆青籽黄，从而确保籽粒充实饱满，为高产奠定生理基础。

15. 麦（油）套稻分蘖发生有何特点

研究表明：无论是套播粳稻还是籼稻，也无论是套播常规稻还是杂交稻，在一般共生期 20 天左右的情况下，其共生期间以及让茬后半个月左右，基本上都是黄瘦的独秆苗，分蘖的启动日几乎都要到让茬后半个月左右，Ⅰ、Ⅱ甚至Ⅲ、Ⅳ低位分蘖缺位，此是与同期育秧移栽稻的显著差异之一。与较迟播种的抛秧稻、麦后直播稻相比，分蘖发生日早 5～11 天。

超高茬麦（油）套稻分蘖盛期比育秧移栽稻迟半个多月。一般高峰苗较高，有效分蘖终止日、高峰苗日比同期育苗移栽的相应推迟一星期左右。

成穗率影响因子较多。迟发且高峰苗偏多情况下，成穗率一般较低，反之则与常规育秧移栽稻或抛秧稻相近。

超高茬麦（油）套稻属典型的后发生长型，单株成穗数明显高于移栽稻，单株成穗潜力远大于同期育秧移栽稻及同期的半旱直播稻。1994 年观察到杂籼协优 63、汕优 63 套播的单株成穗平均分别为 18 个、20 个；半旱直播的分别为 10 个、15 个；育秧移栽每穴双本为 13 个、16 个。这说明超高茬麦（油）套稻可充分利用其后发性强、中后期生长旺盛这一特点，通过水肥调控茎蘖，以确保稳产高产所需穗数。

16. 超高茬麦（油）套稻产量表现怎样

超高茬麦（油）套稻产量一般与常规育秧移栽稻持平略增，且具有超高产潜力。1997 年专家组现场测产，武育粳 3 号每亩有效穗 24.8 万～31 万，每穗实粒 71～88 粒，千粒重 28.8 克，比相邻同品种同播期的移栽稻高 1.1 克，理论亩产 641 公斤，与育秧移栽稻产量持平或增产 6%左右。1998 年江苏省姜堰市三里村农场有 4.1 亩典型高产田（品种武运粳 8 号），经有关部门实测亩产 751 公斤。1999 年专家组现场测产 14 个点（品种武运粳 8 号），平均每亩有效穗 22.2 万，亩总颖花量 2 355.4 万，每穗实粒 102.1 粒，结实率 96.2%，千粒重 28 克，亩产 638 公斤，与相邻常规栽培稻田相比，一般可增产 5%左右，高产田达 762.2 公斤。2001 年对江苏省不同生态区、不同土质、不同品种的百亩方千亩片测产 17 个点计 50 多块田，平均理论亩产 695.5 公斤；测产典型田块 17 块，实收亩产 750 公斤左右的有 9 块田，面积 24.1 亩。2006 年中国耕作学会专家组在江苏扬州随机实收见产，平均亩产 657.9 公斤，高产田 701 公斤（皆不含机收落地稻谷）。

尽管小麦让茬时套播的稻苗又黄又瘦无分蘖，但由于农田良好的生态环境，使其生长中后期能赶上并超过常规育秧带 2 蘖的壮苗，最终表现为穗多粒重，稳产高产。据 2002—2004 年连续 3 年试验，比常规育秧单茎苗平均增产 15.4%，差异达极显著水平，比常规育秧 1 蘖苗、2 蘖苗、3 蘖苗分别增产 8.3%、7%、3.9%。

17. 超高茬麦（油）套稻产量构成有何特点

超高茬麦（油）套稻产量三因子中，千粒重是最稳定的因子，且高于常规稻作。据 1994 年试验研究分析，套播武育粳 3 号千粒重平均为 30.8 克，变异系数 3.57。套播稻的穗型一般小于同期播种的育秧移栽稻，但优于抛秧稻和麦后直播稻。姜堰多年示范再研究认为，大穗型或穗粒并重型品种常规栽培，一般每亩 8 万～12 万基本苗，成穗 18 万～26 万个，单株分蘖成穗 1.5～2.0 个；超高茬麦（油）套稻基本苗 6 万～10 万，成穗 20 万～28 万，单株分蘖成穗 2.0～4.5 个，总颖花量比常规栽培高 5%～15%，结实率高 2%～6%，千粒重高 1.0～1.5 克，但每穗粒数少 8%左右。

对穗粒并重型的武育粳 3 号产量因子分析认为，穗数对产量的作用最大，其次为每穗粒数和千粒重。

以大穗型中粳稻品种套播研究认为，每亩成穗 14.7 万～25 万的情况下，其穗数与产量呈极显著的正相关（$r=0.7231^{**}$，$v=18$）。

18. 为什么说超高茬麦（油）套稻米质好

2003 年研究分析，供试的迟熟中粳武运粳 7 号品质测定结果表明，麦秸全量自然覆盖的超高茬麦套稻与常规根茬栽稻相比，精米率提高 2.06 个百分点，整精米率提高 1.76 个百分点，垩白粒率和垩白度分别降低 9 个百分点和 10.5 个百分点，胶稠度延长，蛋白质含量略低，这也有利于提高适口性。在优质稻米生产基地的江苏高邮周巷镇示范分析，套稻比移栽稻节省化学氮肥 25%左右，正常年景的 2002 年精米率高于移栽稻 2～4 个百分点；2003 年水灾，超高茬麦田套稻精米率和整精米率比移栽稻提高 3.4 个百分点，垩白粒率、垩白度分别下降 10 个百分点和 2.5 个百分点。

2007 年扬州大学农学院对姜堰市双徐农场承担的江苏省新品种新技术展示区内武粳 15 不同稻作方式生产的稻谷，系统检测表明，套稻精米率比手栽稻和机插稻分别提高 1.8 个百分点和 3.4 个百分点，整精米率分别提高 2.6 个百分点和 4.6 个百分点，且米质各项指标皆优于手栽稻和机插稻。

武粳 15 不同稻作方式米质分析

稻作方式	出糙率/%	精米率/%	整精米率/%	垩白粒率/%	垩白度/%	蛋白质/%	直链淀粉/%
手栽稻	83.8	75.1	71.9	12.5	7.5	8.7	16.4
机插稻	84.1	73.5	69.9	13.5	7.3	7.9	17.4
套播稻	84.9	76.9	74.5	9.0	5.3	7.7	16.6

19. 麦（油）套稻株高表现怎样

超高茬麦（油）套稻植株生长表现为前期缓慢但中后期显著加快。按常规稻作氮肥运筹，超高茬麦（油）套稻植株生长量不及对照，一般株高比移栽稻矮4.2%～10.1%，比同期播种的半旱直播稻矮 6.7%，比麦后直播稻矮6.5%～20%，但稍高于抛秧稻。与育秧移栽稻相比，基部三个节间短13.4%。1991年观测：中籼稻明恢63套播的至麦收的27天共生期中，苗高仅12.8厘米，不及同期育秧移栽稻的一半高，茎粗只有对照的三分之一左右；有效分蘖终止期苗高41.6厘米，约为对照的80%；孕穗期苗高73.8厘米，为对照的90%。

因株高与穗型呈极显著的正相关，且水稻生长中期的水肥运筹与株高密切相关，所以，套稻中期水肥齐促，可以有效地解决植株相对较矮、穗型相对较小的现象。

20. 麦（油）套稻干物质积累趋势如何

套稻与小麦共生期间逆境生长，小麦让茬初期秧苗3叶左右，均为单茎苗，又黄又瘦。2002—2004年扬州市农科院连续3年重复试验，与同期播种的常规育苗不同素质秧苗相比，无论是移栽到免耕田，还是移栽到耕翻田，套稻苗干物重表现为：初始阶段为育单茎苗的70.4%，仅为带3蘖苗的21.1%；拔节期则超过育单茎苗8.4%～22.9%，成熟期超过育3蘖苗。尤其是抽穗至成熟期的干物质积累每亩达700公斤左右，比育3蘖苗多积累9.6%，差异不显著；比育单茎苗多积累 59.8%，极显著高于育单茎苗。

21. 麦（油）套稻株间光照表现如何

齐穗期测定了密度和穗数高于移栽稻 20%左右的超高茬麦（油）套稻田间光照强度表明，各层次光照仍显著优于对照：80～90 厘米高度的株间光照强度比对照高 2.93 倍，30～40 厘米株间光照强度高 44.5%，5～10 厘米底层光强高 13.2%。研究认为，超高茬麦（油）套稻单株密植或促发争足穗，其健壮合理的株型，有利于充分利用光能，增加后期干物质积累。

22. 什么叫自然农法

所谓自然农法，就是遵循基础自然观的哲理，充分立足于自然力，高度利用自然生物系统，严格按自然规律实施的农作方法及其体系。其宗旨在于捍卫人类生存的自然环境，创造一个美好清净的自然空间，造福于人类。其要点在于力求避免人为施加于大自然的压力，综合了环保、节能、节本、省工、优质、持续高产等低碳特点，被誉为永恒的、理想境界的农法。

自然农法并不是还原复古，更不是倒退的代名词，而是强调按自然规律办事。自然农法主张充分挖掘自然自身潜力，尽可能减少人类行为，如秸秆还田方法不提倡人为堆沤或使用机械翻埋还田，主张就地、全量、自然覆盖还田；不提倡搞设施大棚反季节生产农副产品和设施人工养殖等，因为其原则是抛弃一切可有可无的用工与成本。

自然农法的出现是对常规现代农法的反思。常规现代农法又称为石油农业，虽然对农业发展作出了很大贡献，但依靠过度的机械化、设施化和化学化，越来越暴露出以下弊端：环境污染、病虫害严重、能源浪费、成本高昂、地力下降等。人类要生存、大地要保护、空间要净化，这符合人类的最大利益。为了摆脱石油农业造成的困境，自 20 世纪 30 年代起，尤其是 70 年代以来，世界各国出现了诸多新农法，如有机农法、生态农法、生物农法、立体农法、再生农法、持久农法、取代农法、替代农法、微生物农法、发酵农法、选择性农法、经济农法等，其侧重点不同，但都可以列入自然农法的范畴，因为其基本思想都是主张维护自然生态系统，特别是重视农业的根基——土壤的净化和活力，为人类创造良性农业生态环境，提供安全无污染的食物，提高食品的自给能力。

最早创立自然农法的是日本的冈田茂吉。他 1938 年开始探索，1950 年正式取名自然农法，并于 1953 年成立了自然农法普及会，创办了《自然农法》刊物。20 世纪 60 年代在日本经济腾飞、农业迈向现代化的潮流下，自然农法的活动曾一度中止。20 世纪 70 年代初重创自然农法研究会，1982 年日本创立了自然农法国际研究开发中心，进入真正的自然农法研究新阶段。该中心主要研究目标有：围绕身心健康，生产并供给人类无公害、清洁、有益健康的作物；恢复有生命的土壤，以提高作物品质；开发省工节能生产技术；创造心境愉快的农业工作环境；开展自然食品运动。

特别值得一提的是日本福冈正信的自然农法，其半个多世纪的实践证实了不耕地、不施化肥、不用农药、不除草的自然栽培可行性，并于1988年荣获麦格赛赛公众服务奖（此奖被称为亚洲地区的诺贝尔和平奖），表彰他的成功实践“为世界各地农民提供了一个切实可行的方法来保护安全并避免现代生产活动的有害后果”。

自然农法研究是个综合性大课题，包括种植业、养殖业、畜牧业、加工业等诸多方面。

23．什么叫可持续农业

可持续农业是可持续发展概念延伸至农业及农村经济发展领域时而生成的。可持续发展概念的提出，其本身就带有强烈的对常规经济发展模式（高投入、高产出，追求当代人的最大利益而忽视资源、环境等基础的维护）进行批判、反思的时代色彩。在此之前，若干国家的一些有远见的学者早已开始了对常规农业现代化，即大量和集约化采用现代农业投入，如商品能源、农机、化肥、农药及通过大型规模经营获得高产出这一模式的反思，提出了侧重面有所不同的替代模式。最早的是20世纪50年代美国罗代尔和日本冈田茂吉分别提出的“有机农作”和“自然农法”。而我国早在5 000年前的商朝，就有施用有机肥的记载。著名德国科学家李比西曾高度评价中国农业有机肥的施用："中国长远地保持土壤肥力，借以适应人口增长而不断提高其产量，创造了无与伦比的农业耕作法。"

联合国粮农组织1991年提出了关于可持续农业与农村发展的定义为：

"管理和保护自然资源基础，调整技术和机制变化的方向，以便确保获得并持续地满足目前和今后世世代代人们的需要。因此是一种能够保护和维护土地、水和动植物资源、不会造成环境退化，同时在技术上适当可行、经济上有活力、能够被社会广泛接受的农业。"

可持续农业是短期行为的对立面，要求达到社会、经济和生态三方面效益的统一和协调。需要对常规农业技术不断地创新和突破，需要改变观念，调整政策，改革体制和机制，才能达到理想状态。

24. 为什么要反思常规现代化农业

常规现代化农业又称为现代化学农业、石油农业、工业化农业、绿色革命农业，在带给人类高产的同时，越来越暴露出其有害人类生存空间，特别是有害人类饮食生活的严重危害。因此，各国都在反思。

其一，常规现代化农业导致全球环境污染，食源病日趋增多。常规现代化农业所依赖的矿物能源及化肥、农药、农机具，在大量生产和使用过程中产生大量有害气体，包括二氧化碳、甲烷、氧化氮等。另据各国检测，全球范围大气层中、水域甚至地下水中、生物体内都程度不同地受到化肥、农药的污染：大气层的二氧化硫酸雨已不稀奇，在地下水中检出了超标的高浓度硝酸盐，在母乳中也不乏这类有毒物质，连南极的企鹅、北极的北极熊体内都检出了农药残留。20世纪滥用、乱用农药，已使200多种动物在地球上绝迹，还有600多种濒临灭迹。化肥、农药对人类造成的生存危机早已有实例，如日本的水俣病（汞中毒）、镉米事件，以及各地直接、间接的中毒事件屡见报端，至于谈癌色变的病因，不能不说许多与农药、化肥有关。早在1988年美国就从当时注册的360种农药中检出70多种具有致癌性。日本东京都议会会员龙年光曾分析，化肥生产出来的蔬菜，含有大量的硝酸盐，吃菜同时吃鱼，会产生亚硝胺致癌物质，这是日本人得癌症的主要原因。有研究认为，食品添加剂有一半左右具有潜在致癌性。现在不少城乡消费者已开始注重这些，对化肥、农药及添加剂生产出的食品，力求回避，如不少农民自家吃的粮食和蔬菜，力求避免使用化肥、农药；供给城里的自然食品，人们不惜高价争购。

其二，常规现代化农业使土壤中的生物系统破坏，导致土壤侵蚀。化肥、农药、机械是现代农法的支柱，对于失去自然活力的土壤来说，无疑是有立竿见影的效果的。然而，在为化肥、农药、机械歌功颂德的同时，必须正视其愈来愈严重的现实：毒害了有生命的土壤，扰乱了秩序井然的地下王国，造成有机物不足、地力下降、能源和资源急剧枯竭。加之一味追求暂时利益的高效益连作，抛弃了轮作和绿肥，加剧了地力下降。为获高产，又不得不增加化肥用量，使化肥胃口越来越大，作物愈加软弱。软弱化的作物抗性减退，又不得不依赖农药，导致无休止的恶性循环，使人们赖以生存的根基——土壤遭受侵蚀，害虫的抗性越来越强。

其三，常规现代化农业开发的新技术，往往是花费大量劳动和费用的技术，使农民纯收益减少。回顾大多数高产技术，其纯收益并未增加，其根本原因就在常规现代化农业的体系上：一方面，化肥、农药用量和机械作业次数增加，以此取代自然力；另一方面，物价上涨。二者相加，农民种田成本逐年增高，而产量产值所增无几，农民得不到实惠，导致种田积极性低落。以发达国家美国为例，其农业成本占农业总产值比例已高达 76%，造成农民破产速度空前，迫使政府每年支出数百亿美元的巨额补贴。日本自然农法实践者分析的“所谓现代高产技术，其实质只不过是消极的预防减产的一种策略”，此话不无道理。

25. 什么叫少耕、免耕

由于世界范围的人口增加、能源短缺、耕地因沙化等原因而减少，以及对粮食、饲料等需求的不断增加，迫使人们一方面向多熟种植发展，另一方面耕作转向节减能源消耗、保持水土、降低成本的少免耕发展。少免耕技术被称为保护性耕作技术。

我国自古就有少免耕的提法。宋代吴怿曾总结出“地久耕则耗”的教训。20 世纪 40 年代美国农学家福克纳出版了《犁耕者的愚蠢》一书，引起世界各国的重视。20世纪末美国保护耕作已达耕地面积的50%左右。

少耕即尽量减少耕作次数、耕作程度、耕作面积比例，或者只操作于表层土壤（浅耕），一次完成多种作业。少耕法就是指最少量耕法。

免耕又称为零耕，即不进行任何耕作，播植于前茬内，播植后不进行镇压等农机具作业，以后亦不进行中耕，依靠生物活动（包括作物根系、土壤小动物及微生物等），实现土壤自然耕作。我国著名土壤学家侯光炯创立的自然免耕法要诀是：连续免耕不要翻，连续垄作不要忘，连续覆盖不要光，连续植被不要荒。

少免耕稻作田块表土层肥沃，犁底层逐渐消失，因而爽水性好，土壤结构稳定，土壤动物、微生物活跃。

26. 什么叫直播、套播

直播是指不经过育苗移栽程序，将种子直接播种于旱地或水田的一种种植方式。

按照播种时水的利用方式以及播前耕作情况，现有直播类型可以划分为：旱直播、水直播、半旱直播、保水土壤中直播。其中旱直播又可分为旱田裸地耕翻直播、旱田裸地免耕直播、旱田作物行间直播等。

套播是特殊的免耕旱直播。它是在前茬作物尚未收割时，直接将种子套入前茬田间。根据种子落地状况，可分为条播、点播（穴播）、散播。根据播种工具，可分为手播、机播、飞播、喷播等。

27. 为什么说套稻优于麦后直播稻

通常所说的直播稻，是指三麦油菜收割后直播稻种。有些地方限制直播稻的盲目发展，是因为三麦油菜收割后的直播稻生长期明显缩短，如果当地秋季温光条件不足，特别是应用品种抽穗灌浆期遇持续低温阴雨，对于水稻稳产高产和稻米品质将带来严重影响。而麦（油）套稻，首先是播期早于直播稻 7 天以上（共生套稻早 25 天左右），有利于稳产高产，有利于优质稻米生产；其次是方便秸秆还田，农民自觉不烧秸秆（因为稻苗或稻种已在田间）；同时可实现节减耕作油耗与农本。

28. 什么叫多熟种植制度

多熟种植制度简称多熟制，是指在一年内于同一田地上连续种（收）两季或多季作物的种植方式，又称“复种”，是作物种植在时间和空间上的集约化。

我国公元 6 世纪《齐民要术》总结了轮作、复种、间混套作的经验。隋唐以后，我国南方开始有了稻麦、稻豆两熟及双季稻的种植。1949 年我国农田的复种指数为 128%，1985 年达到 148.3%。

发展多熟种植制度的现实与长远意义在于充分利用土地、光能等自然资源，增加产量，以解决人口增加而耕地减少的矛盾，是农业可持续发展战略的重要决策和研究课题之一。据国际水稻研究所研究，一般合理间套复种可增产 30%以上，农田光能利用率可达 5%（现在高产田块已达 2.5%，即潜力仍很大）。

29. 什么叫双免双套双秸秆还田

双免双套是一种多熟制种植方式。实施稻田套麦（油）、麦（油）套稻，再加上稻麦（油）秸秆一年两季还田，使复种指数提高，同时实现用养结合，这是高产高效的新型耕作制度。稻田套麦（油）不受自然经济条件的限制，有利适期早播争早苗，夺取麦（油）高产，且节省成本；麦（油）套稻可利用生育期稍长的高产品种，既争取了季节，又大幅度减轻了劳动强度，收到高产与省工节本统一的良好效果。免耕、套种、秸秆覆盖还田，三种技术组装统一，其研究与开发可望带来 21 世纪稻麦（油）生产上的一项重大革新。

秸秆覆盖是我国传统农业技术的一部分，属于生物覆盖内容之一（生物覆盖还包括有机肥覆盖、植物冠层覆盖等）。

30. 为什么要重新评价散播

散播是相对于条播和点播的一种播种方式。人工散播又称为撒播，机械喷射散播称为喷播，飞机散播称为飞播。散播一般为单粒种子分散直播。过去所说散播产量低于条播和点播，那是因为杂草防除药剂及技术不配套。高效除草剂开发后，20 世纪 80 年代末日本提出了重新评价散播，认为从栽培理论来看，将一定数量的苗定植于一定面积上，以小株密植为高产，均匀散播，可使稻种较均匀地分布，各单株实际占有的营养面积大，易形成健壮个体，有利于低节位分蘖成穗，并可充分发挥根系发育优势。

31. 国内外稻作革新方向是什么

针对常规现代化农业集约使用资金和能源（尤其是石化燃料能），代替传统的对土地和劳力的集约使用，高产不高效、高产不优质，以及滥用化肥、农药使地力下降、作物对环境抗性下降且田间管理繁杂等弊端，国内外稻作革新方向趋向省工省力、节能低耗、节本优质高效栽培，就连发达国家农业也十分重视省力节本栽培。如日本正在开展“淹水土壤中直播栽培”研究。韩国1978年起推广机插秧，1995年达90%以上面积，为实现节本节能低碳栽培，逐步转向直播稻研究与开发，其技术经济指标是省工49.2%，节本35%。其革新方向有：包衣剂抗旱播种、少免耕直播、使用缓效肥料、计算机模拟、杂草综合防除、综合机械化栽培。

我国所提出的轻型栽培，其实质就是主张省工省力节本，如少免耕栽培、直播栽培、抛秧、旱育稀植等。

32. 为什么说“傻瓜”技术科技含量高

随着社会的进步，科学技术水平的提高，人们愈来愈倾向于轻松愉快的工作氛围、心情舒畅的生活环境。就农业而言，农民越来越欢迎“傻瓜”技术和“懒种田”技术。

所谓“傻瓜”技术、“懒种田”技术，是对省工省力节本高效技术的通俗称谓，相当于市场上的傻瓜相机、懒汉茶炉等。其实，简单技术，往往其科技含量更高。懒种田也不等于懒汉种田。以超高茬麦（油）套稻技术为例，从引智尝试算起，研究单位、大专院校及各级农业技术推广机构的科技人员协同攻关20多年，才基本解决全苗匀苗、机收秸秆全量还田、杂草杂稻综合防除等主要技术难题，形成有关技术标准。如追溯到前人探索的历程，也经过了半个世纪。尽管如此，因这项技术是免耕、套播、多熟种植、秸秆覆盖、自然资源再利用等技术的综合运用，涉及耕作、栽培、种子、植保、土肥、生态、环保等诸多学科，其理论深化研究及实践进一步简化，研究内容十分丰富，在示范应用过程中的不断创新将是无止境的。“傻瓜”技术并不傻，“懒种田”不是懒汉种田。这类“傻瓜”技术正是科技含量高的集中体现。要确保成功，必须严格按照技术标准作业，特别是把握住关键技术环节。

33. 为什么说超高茬麦（油）套稻技术需求前景广阔

超高茬麦（油）套稻虽是一项技术，但同时适应我国现代农业可持续发展四个方面的迫切需求：

节能减排——免耕免插省油耗，秸秆免烧覆盖减排碳。

耕地培肥——每亩400～500公斤秸秆还田，使耕层土壤有机质持续提升。

粮食增产——扩增夏熟面积10%；水稻单产持平、

具超高产潜力；出米率提高2～3个百分点。

农民增收——比常规稻作每亩节本150元左右，省工促劳动力转移创收。

该技术适用于我国十多个省市约1.4亿亩的稻麦（油）两熟地区。作为现阶段目标，可从治本途径上彻底解决这些地区的秸秆禁烧难题和整村推进农民脱贫增收矛盾；作为可持续目标，对于该地区低碳农业发展具有长远意义。

34. 什么叫低碳农业

低碳农业也有解释为生物多样性农业。农业的发展经历了刀耕火种农业阶段、传统农业阶段和工业化农业阶段。工业化农业过程对生物多样性构成威胁：盲目垦殖引起自然植被、自然物种和天敌的减少；农药的使用破坏了物种多样性；化肥造成了环境污染，进而也引起生物多样性的减少；品种选育过程的遗传背景单一化及其大面积推广，造成了对其他品种的排斥……如果用碳经济的概念衡量，这种农业可以说是一种“高碳农业”。改变高碳农业的方法就是发展生物多样性农业。

低碳农业是一种比广义的生态农业概念还更广泛的概念，不仅要像生态农业那样提倡少用化肥、农药，进行高效的农业生产，而且在农业能源消耗越来越多，种植、运输、加工等过程中，电力、石油和煤气等能源的使用都在增加的情况下，还更注重整体农业能耗和排放的降低。在农业生产和生活中，无论是节地、节水、节肥、节种，还是节电、节油、节柴（节煤）、节粮，只要是可以降低农业生产成本，保护农业生态环境，增强土壤的固碳能力，减少温室气体排放，都属于发展循环农业、低碳农业最有效、最现实的形式。

低碳农业是一种现代农业发展模式，通过技术创新、制度创新、产业转型、新能源开发利用等多种手段，尽可能地减少能源消耗，减少碳排放，实现农业生产发展与生态环境保护双赢。农业排放温室气体，尤其以甲烷（CH_4）和氧化亚氮（N_2O）为重。同时农业也是巨大的碳汇系统，农作物通过光合作用固定大量的碳，而土壤也是一个巨大的碳库。但农业是个复杂的系统，不同利用方式，尤其是土地利用方式的不同，对碳吸收与排放之间的动态平衡影响甚大。发展低碳农业的现实目标之一就是，使农业生产系统适应全球变暖并减缓温室气体排放。对于水田，要设法降低甲烷排放；对于旱地，要着力减少氧化亚氮释放；对于种植业，要推广立体农业模式，提高光能利用效率；对于养殖业，要推广循环农业模式，提高综合利用效率；对于加工业，要推广绿色农业模式，提高整合集成效率等。当然还要优化农业系统结构与合理调整生产方式，使之有利于实现高产、优质、高效、安全、生态的目标。这其中有技术环节要突破，也有优惠政策要引导的问题。

低碳农业内涵古而有之，只是现阶段概念要义的更新与高新技术的介入而使其得以深化并提升。从系统观点认识，低碳农业是一个追求的整体目标，也是一个复合的技术体系，其基础应该是现代生态农业和农业循环经济。

35. 超高茬麦（油）套稻低碳特点表现在哪里

超高茬麦（油）套稻免耕、免插、免烧秸秆、全量自然覆盖、节减化肥，属于典型的低碳稻作，比耕地插秧且秸秆机械还田的稻作方式，每亩减排二氧化碳800公斤以上：

①免耕节省柴油2.5公斤左右，减排二氧化碳8公斤（每公斤柴油燃烧释放二氧化碳3.186公斤）；

②免插节省机插汽油0.4公斤，减排二氧化碳1.23公斤（每公斤汽油燃烧释放二氧化碳3.08公斤）；

③节减化肥20%，减排二氧化碳18.3公斤（生产每公斤尿素产生2.1公斤二氧化碳）；

④秸秆覆盖比旋埋减排65%甲烷，折减排二氧化碳777.5公斤（据相关研究资料分析；甲烷温室效应是二氧化碳的21～72倍，以21倍折算）。

超高茬麦（油）套稻杜绝了秸秆露天焚烧，每亩每季免烧秸秆400公斤左右，减排720公斤（每公斤减排二氧化碳1.8公斤）。

36. 什么叫农业面源污染

所谓农业面源污染，是指超量使用化肥、农药导致诸多水域富营养化，农产品中农药、硝酸盐和重金属等有害物质残留量超标威胁人体健康；地膜的广泛应用造成白色污染；农忙期间秸秆短期内露天集中焚烧造成的大气污染或秸秆推入河沟鱼塘造成的水质污染；畜禽粪便对周边环境的污染；村镇生产生活垃圾及固体物污染等。原农业部副部长路明教授认为，治理农业污染可用自然之法，即按生态规律建设现代生态农业，往往收到事半功倍的效果。

37. 什么叫清洁生产

所谓清洁生产，其经济学含义是绿色经济，就是创造性地将整体预防的环境战略持续应用于生产过程、产品和服务中，以增加生态效率和减少人类及环境的风险。在要求可持续发展的今天，清洁生产是一种先进生产力。资源综合利用是清洁生产转变为先进生产力的基本途径。清洁生产建立以“减量化、再使用、再循环”为内容的行为原则（简称“3R”原则）。减量化又称减物质化，属于输入端方法，从源头上减少进入生产和消费流程的物质量；再使用属于过程性方法，通过再使用，可防止过早成为垃圾；再循环即资源化或再生利用，是输出端方法，通过把废弃物再次变为资源，以减少最终处理量。

38. 为什么说麦（油）套稻有利于清洁生产

超高茬麦（油）套稻是先套稻、再收前茬三麦或油菜，因此，无论是人工收割还是机械收割，其田间秸秆及残茬，因应用者着眼于保苗，绝不会放火烧毁或遗弃。

为了切身利益，应用者甚至主动制止相邻田块焚烧秸秆，以免火灾引发到自家田内，导致稻苗受损。这一建立在群众自觉自愿基础上的禁烧效果，远远优于花费大量人力、物力、财力的行政执法权宜之计和短期行为。这就从生产环节上确保了清洁生产，有效地避免了秸秆焚烧和遗弃对大气、水域、土壤的面源污染，杜绝秸秆火灾事故和交通安全责任事故，有效地解决了秸秆难题。

同时，因为秸秆还田持续培肥，可逐步减少化肥的施用，有利于减少化肥对地表水和地下水的污染。化肥的过度使用，造成对土壤的不可逆转的污染，已被联合国环境规划署列为世界十大环境问题之首。美国环保局有关报告认定："农业是地表水和地下水最大的非定点污染源。"化肥流失和渗漏，使地表水富营养化，地下水硝酸盐污染。而超高茬麦（油）套稻一方面可少用化肥，另一方面肥料运筹为少吃多餐即频量施肥，有利于防止大量的氨挥发，抑制硝化及反硝化。

此外，超高茬麦（油）套稻因免耕地、免整地耙地，减少了机作油耗能源浪费与污染，也是一种清洁生产。

39. 为什么说超高茬麦（油）套稻有利于水土保持

据 21 世纪初有关部门统计，我国土壤沙化 168 万平方公里，占国土面积的 17.6%，涉及 4 亿人口，现每年仍在损失一个中等县。国家每年在这方面的耗资高达 540 亿元。全球 100 多个国家计 36 亿公顷土地荒漠化迫在眉睫。

《中国 21 世纪议程》白皮书中关于荒漠化定义为："在

干旱、半干旱和半湿润、湿润地区，由于气候和人类活动等各种因素所造成的土地退化，它使土地生物和经济生产潜力减少，甚至丧失。”沙尘暴的起因在于干旱、半干旱气候及全球性气温上升，加上植被减少，使地表水分蒸发大，表层土质疏松，极易被大风扬起。

有关研究认为，土壤的透水性决定于土壤的机械组成、结构性、孔隙率、土壤剖面构造、土壤湿度等。土壤透水性及持水量越大，其水土流失的程度越轻。常规耕作彻底破坏了植被和表层土壤的稳定结构。而免耕加秸秆覆盖，有利水土保持，特别是在干旱、半干旱地区，被认为是沙尘暴克星，其主要原因是保持土壤自然状态，有效地避免了反复耕作人为造成土层的松动，加上前茬残根固土和秸秆护卫，使地表水分蒸发减少，大风不易直接扬起土壤，因而有利于水土保持。

超高茬麦（油）套稻核心技术在于套播、免耕、秸秆留高茬且大量自然覆盖地表，而且广泛适用于稻麦（油）两熟地区。因此，这项技术的推广应用，对于水土保持前景也同样是广阔的。

40. 为什么说超高茬麦（油）套稻有利于优质生产

稻米品质的提高，采用优质品种固然重要。但生产基础条件是最主要的制约因子，尤其是要减少化学肥料与农药的施用，作为自然食品，甚至要求免用一切化学制剂。超高茬麦（油）套稻可实现秸秆全量自然还田，有利于土壤持续培肥，对于发展生态农业，进而为少用化肥、农药、生产优质自然食品，提供了良好的基础条件。据研究，全量麦秸还田达 400 公斤左右的，生育中后期秸秆自然腐烂分解 2/3 以上，当季就可节省化学氮肥 20%左右，对水稻生长及产量构成因子无明显影响。又因为所节减的是水稻后期的氮肥，这有利于提高稻米的适口性，符合优质稻米开发方向。

41. 为什么说超高茬麦（油）套稻有利于农民增收

超高茬麦（油）套稻减少了繁杂农活和重体力劳动，可充分利用农村辅助劳动力经营小面积农田，使大批青壮劳动力转移到多种经营或第二、三产业；或者使土地相对集中，搞规模经营，有利于兼业农户和专业农户的发展；同时还减轻了农民在大忙期间找人帮工的招待负担，减少了劳务输出人员农忙返乡的开支，扩展了农民增收渠道。

省工、省力、节本是超高茬麦（油）套稻受各地农民欢迎的最主要原因。该技术彻底免除了育苗、移栽、耕田、整地等繁杂用工，与常规育秧移栽稻相比，每亩省工 2 个左右（主要是节省育秧、栽秧及大田平整等用工），节本 20%～30%（节省育秧、栽秧及大田耕耙整地等直接农本，同时节省栽秧招待费等间接农本），加上节省的育秧田创收和稻作增收，农民直接得到的实惠每亩高达 150～200 元。这也是高效农业。

姜堰市 1995—1997 年连续三年对比分析了六种稻作方式（旱育稀植、塑盘抛秧、水直播、旱直播、套稻、常规育苗移栽）认为，超高茬麦（油）套稻总成本最低，经济效益最高，比常规育苗移栽稻增效 35.9%。

42. 为什么说超高茬麦（油）套稻有利于国家粮食安全

我国的基本国情是人口众多，资源不足，吃饭是第一件大事。任何一项技术，都不可以减产为代价，片面强调省工节本。试验研究和大面积示范应用表明，超高茬麦（油）套稻产量与传统稻作相比，不用秧田可增加夏粮面积 10%左右；水稻单产持平或增产 5%左右并具有超高产潜力；出米率提高 2 个百分点（比引进的国外机插稻提高 3 个百分点）。如全国适宜地区推广三分之一，即 5 000 万亩，在不增加耕地的情况下，可年创增产粮食 35 亿公斤左右（扩大夏粮面积 500 万亩，多产小麦 15 亿～20 亿公斤；增产稻谷 12.5 亿公斤左右；多出米 5 亿～7.5 亿公斤，折稻谷 6.5 亿～10 亿公斤）。这对于我们这样一个人口大国而言不可轻视，也符合国家确保粮食安全的要求。

43. 超高茬麦（油）套稻技术应用难点及必要条件有哪些

第一，必须转变传统观念。因为超高茬麦（油）套稻强调与机收相结合的秸秆全量自然覆盖还田，三麦（油菜）让茬后的一段时间，全田布满零乱的秸秆，机收部分田头地块可能还有压损，加之套播稻苗黄瘦，旱田、水田杂草齐发，远看像“荒田”，未亲眼见过或亲身经历过这项技术的人，都很担心是否能成功，甚至产生毁耕重新种植的念头。这就要求首先务必明确超高茬麦（油）套稻生长三阶段特点，即前期难看，中后期才越长越好看。此外，因为这是耕作栽培创新技术，如果不冲破传统观念的束缚，往往类同新生事物成长经历，弄得不好，就可能被扼杀在摇篮之中。因此，务必明确新生事物既有生命力，也有阻力，需看准、坚持并不断开拓创新。

第二，必须区别粗放与精细、懒种田与懒汉种田的界限，防止两种倾向：一是部分领导害怕前期“难看”，影响“形象”，不支持，甚至阻拦农民引进本技术；二是部分农民不了解新技术关键，存在放任不管的思想。要严格把握技术“三关”：全苗关、杂草关、杂稻关。

第三，必须强化行政支撑。原因之一，需统一连片种植，避免水浆管理矛盾、前茬让茬后相邻的其他稻作田块焚烧秸秆火灾威胁等；原因之二，国家利益为主的公益性事业，其宣传培训、示范与再研究、技术服务等，无经费扶持寸步难行。

44. 什么叫“三心”

超高茬麦（油）套稻技术生长发育特点表现为三个阶段：稻苗前期生长量小，让茬时苗黄、苗瘦，且部分杂草已经出苗，加上秸秆自然覆盖于地表，阴雨年景机收田块有可能存在局部地段的压损，看起来很像“荒田”；中期为爆发生长，迅速赶超常规稻作；后期生长稳健、秆青籽黄，为典型的高产长势长相。在示范应用中，实践者将这项技术生长发育三阶段特点形象化地归纳为“三心”，即：前期担心、中期放心、后期开心。

45. 农业科技成果转化三要素是什么

示范、服务、保障，是农业科技成果转化三要素。

示范是典型引路，是试验走向推广的桥梁与纽带，也是检验与进一步配套技术的过程，是最现实的宣传与培训能说会干技术力量的好办法。服务即科普宣传、技术培训、技术咨询服务与技术指导，使关键措施落实到位。保障主要是行政支撑，包括行政措施及人力、物力、财力扶持。促进农业科技成果转化，上述三要素缺一不可：如果跨越示范过程，其成果不能算真正成熟，往往欲速则不达；服务跟不上，特别是成果转化初始阶段，新技术关键措施不到位，往往适得其反；无必要保障，其良好愿望和现实需求都难以实现，就连必要的宣传培训活动也无法展开。

46. 为什么新技术宣传与培训要及早、及时、到位

农业科技成果转化率低，很重要的一个原因，就是人们并不知晓，或者是鲜为人知。工业产品十分注重广告宣传，其产生的巨大效益已成共识，而农业科技成果的宣传则相形见绌。应当通过各种途径（如报纸杂志、广播电视、现场会、研讨会、培训班等）进行宣传。

在农业科技成果转化中，简明生动、浅显易懂的“明

白纸”及科普资料，最适合大多数农民的胃口。宣传与培训的目标，至少要达到：使有关农业领导、各级农技推广人员和广大农民迅速了解到有某项新技术成果可供选择。农业科技新成果在宣传策略上，必须严防夸大其词，使部分农民误解。一般而言，在某项新技术的示范阶段，宜正面宣传为主，使农民了解其优点和主要操作要点，以增强采用该技术的积极性；但到了大面积推广阶段，尤其是存在一哄而起倾向时，则务必要多用失败的教训予以提醒，以引起高度警觉，才能有效地避免新技术推广走弯路。

农业新技术的宣传与培训之所以强调及早、及时、到位，是因为人误地一时，地误人一年。就超高茬麦（油）套稻新技术而言，不抓紧冬春宣传与培训，就落实不了面积，耽搁成果转化一年；在技术实施的关键阶段，如果不将关键技术明白地告诉所有的应用者，那么，就将适得其反，不仅不能充分发挥技术应有的经济效益、社会效益和生态效益，而且会导致中途夭折，也给当地今后推广增加了难度。

47. 为什么要注重示范与再研究

注重新技术成果的示范，是适应人们“耳听为虚，眼见为实”的心理，通过典型引路，以事实说服人。示范也是进一步检验和配套成果的必需。

《中华人民共和国促进科技成果转化法》关于科技成果转化的定义解释为，对“具有实用价值的科技成果所进行的后续试验、开发、应用、推广”示范，是科技成果转化承上启下的中心环节。实验室和小试验田的研究成果，往往有较大的局限性，加大成果转化中多点示范工作力度，有助于延续试验，验证并形成与各地特点相适应的技术体系与配套技术，从而确保大面积推广减少失误。

创新无止境。研究者和某地实践者的成果与经验，特别是农业新技术成果，永远不可能十全十美，只能是不断创新发展。以超高茬麦（油）套稻而言，其技术创新涉及耕作、栽培、种子、植保、土肥、环保、生态等多学科，因此，其理论上的深化与技术上的更简化研究将是一项长期课题，非一时一地的成果能够涵盖，只有通过示范过程中的再研究，遵循“实践、认识、再实践、再认识，循环往复以至无穷”这一唯物论的认识论，才能分阶段取得进展，每次都上升到一个新的水平。

48. 为什么要强化行政支撑与技术服务

农业技术推广特别是创新技术成果转化的初始阶段，离不开行政上的支撑。俗话说：“老大难、老大难，老大一到就不难。”如没有各级行政部门的热情扶持，一般技术人员往往产生“多一事不如少一事”、“吃力不讨好”的心理，先行一步的实践者也有可能怕遭非议而半途而废。特别是超高茬麦（油）套稻技术因强调与机收相结合的秸秆自然还田，初期生长像“荒田”，同时因为这些技术关键强调共生套稻当天麦（油）田灌溉，强调前茬收割后严禁烧秸秆，这就要求连片种植，因此，如没有行政上的热情扶持，很容易产生毁耕现象。行政支撑主要体现在领导重视与必要人力、物力、财力保障。

行政推广措施要与过细的技术指导相结合，才能优势互补。任何一项新技术，都有它相对应的关键技术，一旦抓不住，就会导致失败。尤其是初始阶段，面对面的技术承包服务可以解决农民的后顾之忧，最受农民欢迎，也促使技术人员真抓实干，有利关键技术到位，有利科技成果迅速转化，产生其应有的效益。但这需要有一种行之有效的保障体制和激励措施，如设立农业新技术推广风险基金、尝试农业新技术推广责任保险等。

49. 超高茬麦（油）套稻新技术推广应用策略有哪些

实施分步走，率先应用于秸秆禁烧区和生态建设区，配合国家秸秆禁烧目标和生态建设，形成各地禁烧和生态农业特色，然后逐步向面上推开。

强化行政推广力度，对事关人民生命财产安全这一根本利益的秸秆禁烧区，应采取非常措施推广本技术，如：对干部列入政绩考核；对农技人员实施重奖；对率先示范户给予一定的物质鼓励。

注重科普宣传与培训，如：充分发挥示范点作用，组织现场观摩；冬春集中培训，重点乡村组织科技下乡；技术标准挂图、相关资料发到户，技术光盘到村组；布局及早落实到田，使夏熟管理质量与本技术标准统一。

拨专款扶持示范推广活动，并设创新技术风险金，鼓励农技人员与乡村干部联手，开展技术承包服务。

二、秸秆自然覆盖技术

50. 为什么说秸秆是宝贵的自然资源

全世界每年秸秆产出量达 20 亿吨，我国每年生产秸秆近 7 亿吨。据有关资料，如按一般禾本科作物秸秆约含氮 0.7%、磷 0.17%、钾 1.69%计算（注：不同作物、不同生态区、不同生产水平，养分测定值差异较大），即每亩还田 400 公斤秸秆，约相当于施尿素 6 公斤，过磷酸钙 4.1 公斤，硫酸钾 9.2 公斤。

秸秆中除了含有氮磷钾外，还含有大量的有机质和微肥。秸秆是纤维化、木质化较高的有机物，腐解速度较慢，有利土壤有机质积累，是培肥改土的主要措施。秸秆中含有机质一般占风干重的 85%左右，返还土壤后，对土壤有机质的形成、分解与积累产生积极影响，这十分有利于解决我国大部分耕地有机质不高的矛盾。一般认为，每年每亩秸秆还田 400 公斤，可增产粮食 25 公斤左右；如连续三年还田，土壤有机质可增加 0.2～0.4 个百分点。

秸秆覆盖也是占我国一半面积的旱作农业的重要措施之一。

作物秸秆资源的利用，既涉及农村千家万户，也涉及整个农业生态系统中的土壤肥力、水土保持、环境安全以及再生资源有效利用等可持续发展问题，世界各国都普遍关注。如：美国十分重视有机残物回归自然，很多地方将谷物秸秆留在原地，防止水土流失，保蓄水分；日本自然农法创始人及实践者福冈正信将秸秆还田视为一场革命，连续数十年全量覆盖还田，实现了免用化肥、农药的自然栽培。

51. 秸秆问题产生的根本原因在哪里

所谓秸秆问题，是指秸秆遗弃或露天焚烧所造成的资源浪费和环境污染问题。20 世纪 90 年代以来，在我国农村，特别是经济较发达地区，秸秆问题愈加突出。究其原因，一是农作物品种不断更新，产量越来越高，作物秸秆也相应增多；二是农民收入增加，生活水平提高，农村基本不见草房，农田生产靠化肥，农村家庭做饭依赖煤炭和煤气的也越来越多，加之农村小造纸厂因污染等问题而关闭，秸秆综合利用研究滞后，秸秆过剩；三是机收面积扩大，秸秆全量滞留在田，灭茬机械和免耕播种技术推广没有跟上，农民为了下一茬耕种方便，不得不采取最省事、成本最低的办法：或遗弃田头，或推下河沟，或露天焚烧，国家虽三令五申仍屡禁不止。

52. 麦秸在禁烧中所处地位如何

据有关资料统计，我国每年生产的秸秆总量中，居第一位的是玉米秸秆，第二位是麦秸秆，第三位是水稻秸秆。尽管三麦面积及单产不及水稻，但由于 1 公斤小麦产量可产生 1～1.3 公斤麦秸，所以秸秆总量多于水稻。

夏季抢收抢种为一年中最忙碌季节，三麦收割与下一茬种植的间隔期特别短。因农忙季节紧、农活高度集中、手扶拖拉机处理在田麦秸麻烦，因此，田间焚烧办法处理麦秸就显得最省事、最快速。短期间麦秸集中焚烧，势必导致大气环境的严重污染。还因为三麦的收割季节一般处于阳光灼热、气候干燥的五六月份，麦秸干枯快，所以，田间焚烧一点火即着，火势猛、火焰烈，极易造成人身伤亡事故和财产损失。

53．为什么说秸秆焚烧弊大于利

秸秆焚烧对农民来说简单省事，一烧了之，但其危害也很突出：

秸秆田间焚烧最现实的危害是产生烟雾。据测定，烟雾中含有一氧化碳、二氧化碳、二氧化硫、氮氧化物、光化学氧化剂等，影响人们的健康与正常生活。烟雾又对太阳光有一定的吸收和散射能力，减少了太阳光的辐射强度，使大气变得混浊，大大降低能见度，妨碍飞机起降，导致交通事故，威胁人身安全，不利旅游业发展及城乡生态环境建设。

秸秆焚烧易引发火灾事故，造成人员伤亡，烧毁房屋财产，毁坏路边绿化，烧掉在田庄稼。大火经过之处，也使有益生物如青蛙、蜘蛛、蛇及肉眼看不见的生物菌等遭受灭顶之灾，影响自然生态平衡。

秸秆焚烧损失了大量能源、有机碳和有机氮，但对磷、钾等沉淀元素影响不大，病虫草害有所减少。与机械翻耕还田相比，可解决秸秆分解过程中产生的有毒还原物质，并降低作业成本。

总体而言，秸秆田间焚烧弊大于利，特别是事关人民生命财产安全的秸秆焚烧敏感地区和生态建设区，务必率先采取禁烧对策。

54. 国家划定的秸秆禁烧区包括哪些范围

根据国家有关部门规定，秸秆禁烧区范围包括：以机场为中心 15 公里半径的区域；沿高速公路、铁路两侧各 2 公里，国道、省道公路干线两侧各 1 公里的地带；高压输电和通信线路、油库等敏感地区。此外，大中城市近郊要逐步扩大禁烧区的范围。

55. 为什么说秸秆还田是综合利用的最佳选择

秸秆综合利用技术有：超高茬麦（油）套稻、秸秆过腹还田、农机农艺配套处理、秸秆果园覆盖、速腐秸秆制作高浓缩有机肥、秸秆袋栽食用菌、秸秆稻壳煤气发电、沼气综合利用、秸秆气化与集中供气、秸秆氨化、秸秆建筑材料等。

近 20 年来，国家之所以年年提秸秆综合利用，根本原因是屡禁不止的夏秋两个收割季节秸秆焚烧矛盾：一方面，农忙季节紧、农活高度集中、农民急于抢收抢种，另一方面，秸秆面广、量大、质松、不定型，收集费工、费力、费成本。农民需求且容易接受的是“就地、大量、简易”处理秸秆，因此，秸秆还田是综合利用的最佳选择。

关于秸秆还田功能的研究已有近百年的历史。秸秆还田可增加土壤有机质，改善土壤物理与生物性能，可返还土壤养分，节省肥料用量。秸秆覆盖田面可保水保肥，有利增产。

56. 秸秆覆盖为什么优于机械还田

秸秆直接还田又可分为机械还田和秸秆覆盖自然还田。

首先，秸秆覆盖是典型的低碳还田。据中国农业大学相关研究资料分析，每亩 400 公斤秸秆覆盖腐解产生甲烷（CH_4）19.64 公斤，机械旋埋产生甲烷 56.66 公斤，即甲烷释放量减少 65%，而甲烷的温室效应是二氧化碳（CO_2）的 21～72 倍（据联合国跨政府气候变化小组（IPCC）2007 年第四次评估报告，甲烷的温室效应是二氧化碳的 72 倍），以最低计算方法，秸秆覆盖比现今通常的机械旋埋还田，至少每亩可减排二氧化碳 777.5 公斤。

超高茬麦（油）套稻秸秆覆盖自然还田于地表，不仅有利于在逐步腐解过程中的蓄水蓄肥，而且有效地避免了秸秆掩埋地下、初期发酵对稻根的毒害。据检测，400 公斤麦秸自然覆盖于稻田 7 天后，其酱油色水质中 pH（酸碱度）为 7.46，全氮 15.9 毫克/升，全磷 2.12 毫克/升，挥发性酚为 0.001 毫克/升，对稻苗无不良影响。

而秸秆掩埋处理的反硫化作用强，产生的还原性有毒物质硫化氢（H_2S）多（主要是因为嫌气细菌导致的后果），这既不利于保护土壤与大气环境，又易形成僵苗不发，需消耗更多的能量来缓解。

秸秆覆盖自然还田有利于减少作业量、保持水土、增加透水性与土壤含水量，耕层表层有机质与养分增加明显，干旱条件下对产量更有利。美国很多地方将作物秸秆留原地，以防止水土流失和保水。秸秆覆盖与高留茬相结合，还减少了风蚀，保护了地面覆盖物。

57．人工收割如何秸秆还田

人工割麦时，尽量留高茬，甚至可割麦穗装袋运出脱粒。据测算，虽然在收割时稍多用工，但由于减少了运输和场头脱粒等工作量，仍然省工省力。

人工割油菜只要割取上部有荚果的枝梗，下部自然竖立，任其自然腐解还田。脱粒后的油菜秸秆和菜壳，全田散开或埋入墒沟。

58．机械收割如何秸秆还田

机收麦时要抬高收割台，留茬 20～30 厘米，脱粒后的麦秸就地散开，就近埋入墒沟或自然条带。

机收油菜时，根据机械可能，最好是收割同步进行碎秆和均匀抛撒作业。

机械收割要注意规划好机械行走路线，力求避免对稻苗的反复碾压。机收田块要事先清理三麦（油菜）田内外排水降渍沟，确保收割期间雨止田干。

59. 套稻苗经得起收割机碾压吗

收割时田块干燥的情况下，大型收割机可在超高茬麦（油）套稻田作业，但田头频繁调转处不易保苗。中小型国产收割机如桂林系列、常柴系列、太湖系列、湖州系列、上海系列、新疆系列等，以及进口收割机“洋马”、“久保田”等，皆适合超高茬麦（油）套稻田前茬三麦的收割需求。轮式收割机的凹凸橡胶轮行走方向，每隔 20 厘米有 7 厘米宽的凸轮压痕，田块土壤湿度较大时压深可达 10 厘米左右，对稻苗有一定损伤，相当留下了常规稻作株行距。履带式收割机接地压强较小，更适合土壤湿度大的田块，但田角转弯碾压处损苗稍重。

收割机行走时，尽管套播的稻苗被行走带上的车轮压倒，但由于机收麦时留高茬，可以起到缓冲作用，一般不会直接损伤稻苗。随着让茬后正常田间管理，局部条带状倒地稻苗一个星期内会自动恢复竖立。

60. 现有部分收割机主要性能如何

现行应用中的部分联合收割机及其主要性能：

一、半喂入自走式（履带）联合收割机

特点：稻麦两用，可收倒伏严重的水稻，小田块适应性好。湿田通过性能好。对低产、穗头高低不齐的三麦适应性差，对成熟度高的三麦收割时易拉断秸秆，造成掉穗损失。割留茬 10 厘米以下。

主要机型：	久保田 PRO488	人民号 CH-1	太湖 TH-1450
生产率：	3～5 亩/小时	3～5 亩/小时	2～5 亩/小时
适应作物高度：	0.7～1.2 米	0.7～1.2 米	0.6～1.3 米

二、全喂入自走式（履带）联合收割机

特点：稻麦两用，可收不严重倒伏作物，水田通过性能好，小田适应性好。小故障多。割茬高度可选择。

主要机型：	湖州 130	湖州 160	玉山 4LZ-1.5	长江 1.8
生产率：	2～4 亩/小时	2.5～6 亩/小时	2～5 亩/小时	2～5 亩/小时
适应作物高度：	0.5～1.1 米		0.4～1.0 米	

三、全喂入自走式（轮式）联合收割机

特点：稻麦两用，割幅宽，生产率高（每小时收 4～7 亩），收割三麦性能好，收水稻破碎率约 8%。割茬高度可自选。转移方便。对小田块、烂田适应性差。

主要机型：新疆 2 号、常柴 2 号、福田谷神 2 号。

四、全喂入背负式（轮式）联合收割机

特点：稻麦两用，收三麦性能好，水稻破碎偏高。生产率每小时 3～6 亩。割茬高度自选。转移方便，拖拉机可其他作业。烂田适应性差。

主要机型：桂林 6 号、上海向明、上海Ⅲ型。

61. 麦秸不同留茬高度秸秆还田量是多少

就不同株高的代表性三麦品种扬麦 9 号和扬麦 158 号全株充分干燥后测定，其谷草比为 1∶1～1.3，如亩产 400 公斤三麦，麦秸全量还田一季可达 400～520 公斤，留茬 30 厘米可还田 200 公斤左右，平地割麦（约留茬 5 厘米）还田量为 80 公斤左右。

62. 为什么要求机收适当留高茬

机收大多数可以调节留茬高度。经研究，一般留茬高度 20～30 厘米自然竖立为宜。其原因一是为了减轻机械机割时收割机对稻苗的直接碾压，二是减缓光照剧烈反差对让茬稻苗的伤害，三是不影响秧苗生长，又可确保高产田全量秸秆还田。

63. 麦秸不同留茬高度对水稻生长有何影响

研究了小麦亩产 400 公斤田块不同留茬高度的套稻茎蘖动态表明，留茬 15～45 厘米的不同处理分蘖发生为负相关但不显著，留茬与分蘖相关系数 r=–0.371 5，与成穗相关系数 r=–0.165 4；麦田套稻后期各层次光强与留茬高度无关。研究认为，留高茬对超高茬麦（油）套稻有积极意义，即让茬时的过渡生长期可缓和光照的剧烈反差，有利于顺利度过这一危险期；随着残茬养分的逐步淋溶释放，为麦田套稻植株的中后期生长发育提供了一定的养分，使发生的茎蘖长得健壮，成穗率提高。仪征市示范再研究认为，留茬 40 厘米的单株成穗率比 20 厘米的高 14%。姜堰市以分蘖性稍弱的大穗品种武运粳 8 号供试认为：三麦亩产 350～400 公斤（超高茬麦（油）套稻苗 8 万左右），留茬 35 厘米以上则分蘖减少。

64. 秸秆就近埋入墒沟有什么积极意义

麦秸或油菜秸秆、菜壳就近埋入田间墒沟，可以最少的用工，使高产田块的秸秆全量还田。同时，充分利用了前茬纵横交错的沟系，以及稻作多次施肥、灌水而使养分进入墒沟的有利条件，促进秸秆在高温高湿条件下腐解，自然积造有机肥，既为沟边水稻中后期健壮生长提供了充足、全价的有机肥，又为下一茬免耕套播种植提供了理想的盖籽肥。

据扬州市农科院试验测土分析：墒沟内的秸秆在稻季自然腐解后沟泥，与富集养分的0～7厘米同畦面相比，其有机质、碱解氮、速效磷、速效钾分别增加 11.7%、26.2%、85.5%、33.96%，因而明显促进沟两边水稻的健壮生长。成熟期随机取畦面样株，与同畦沟边顺次取样株考种结果表明，沟边单株成穗数多 3.4 个，单株成穗 6 个以上的占 56.5%，平均每穗总粒数增加 12%，结实率增加 1.1 个百分点，单株生产力增加 93.1%。

65. 麦秸覆盖稻田自然腐解进程如何

覆盖稻田地表的麦秸，无须使用速腐菌，利用与稻作期间的良好环境（高温、高湿、稻田正常施肥等田间管理），便可自然腐解。

扬州市农科院在麦套稻田面设置了全生育期不同施氮量与秸秆腐解进度试验，结果表明：每亩 13～27 公斤的仿大田生产施氮水平下，麦收后 10 天，覆盖稻田地表的麦秸分别自然腐解 23%、23.8%，25 天腐解 38%、40%，45 天腐解 59%、60%，85 天腐解 69%、73%，即低氮与高氮差异不显著，且水稻生长中后期麦秸可腐解三分之二以上。无肥区和稻作一生总氮量 6.5 公斤（为正常田块三分之一）的处理区，麦秸腐解进程相对较迟缓，麦秸覆盖稻田 10 天的分别自然腐解 14.0%、16.9%，为正常施肥对照的 66.2%左右；25 天腐解 17.0%、26.0%，为对照的 55.1%左右；45 天腐解 47%、53%，为对照的 84.0%左右；85 天腐解 58%、65%，为对照的 86.6%左右。

66. 麦秸还田 7 天左右为什么稻田水呈现酱油色

扬州市农科院对每亩 400 公斤麦秸覆盖套稻田面的不同时期腐解水样分析表明，麦收初灌后 7 天左右，水样中总氮量最高，即麦秸成分淋溶量最大。以排除施肥因素的无氮区分析，初灌后 7 天的稻田水中总氮为 4.051 0 毫升/升，比其他时期高 30.8%～131%。姜堰市对秸秆还田后 7 天水样化验表明，其 pH 7.46，总磷 2.12 毫升/升，总氮 15.9 毫升/升，挥发性酚 0.001 毫升/升。也就是说，稻田初灌后 7 天左右，麦秸首先淋溶出大量的内含物质，因此，表现为肥沃的酱油色水质。

67. 麦秸覆盖稻田地表要不要增施氮肥

从碳氮比分析，禾本科秸秆一般为 60～80∶1，而微生物体为 8～10∶1，因而一般认为，在秸秆腐解初期，要增加氮肥，以防微生物腐解秸秆过程中与作物争夺土壤中的氮素。其实，麦秸覆盖于稻田地表，因水稻让茬后正常施肥，足以满足秸秆腐解时氮肥需求。据中国农业科学院土肥所研究认为，施入占秸秆风干重 1.7%～1.8%的氮肥，即不需要调整碳氮比。国外研究认为，每吨秸秆加入 10 公斤氮为宜。以此推算，超高茬麦（油）套稻全量覆盖还田的麦秸如 500 公斤左右，则施用 5～9 公斤氮肥即可。超高茬麦（油）套稻初期少吃多餐施肥，仅让茬后 15 天左右一般施氮量都超过 10 公斤，即无须额外增施氮肥。

不同施氮量的麦秸腐解进度表明，稻作低氮肥（13 公斤/亩）与高氮肥（27 公斤/亩）腐解进度相仿，这也证明大面积生产无须额外增施氮肥。

68. 麦秸全量自然覆盖的免耕土壤物理性状如何

据麦秸全量自然覆盖还田前提下的免耕套播水稻收割后测定，扬州市农科院沙壤土试验小区 0～21 厘米的土壤坚实度为 133 牛顿，比同田翻耕对照小区低 26 牛顿，即坚实度为对照的 83.6%，0～7 厘米表层土壤坚实度为对照的 68%；0～7 厘米上层土壤容重第一年套稻覆盖处理为 1.20 克，根茬栽稻处理为 1.27 克，即减轻 0.07 克。但套稻覆盖处理连续 3 年后，上层土壤容重比根茬栽稻处理低 0.02 克，下层土壤容重增加。江都市测定了小粉土土壤容重为 1.09 克，比相邻对照低 0.04 克。丹阳市在灰黄泥土上测定认为，土壤容重比麦收时减轻 0.1 克，总孔隙增加 3.3 个百分点，而对照田块经一季水稻种植，容重增加 0.01 克，总孔隙减少 0.5 个百分点。无锡市在黄泥白土的套稻收割后测定认为，0～5 厘米表层土壤容重 1.28 克，5～10 厘米为 1.4 克，10～15 厘米为 1.56 克，比相邻翻耕插秧田分别低 0.06 克、0.04 克、0.02 克；总孔隙度三层分别为 51.7%、48.7%、41.1%，比对照增加 2.3、1.5、0.8 个百分点；土壤毛管孔隙度三层分别为 39.8%、34.7%、29.6%，比翻耕对照分别增加 2.2、2.3、0.5 个百分点；0～5 厘米表层土壤固态、液态、气态三相比为 48.3∶39.8∶11.9，比翻耕对照固态减少 2.3 个百分点，液态增加 2.2 个百分点，气态增加 0.1 个百分点。扬州市农科院定点试验测定了不同处理的总孔隙以埋草栽稻为最大，套稻覆盖为最小；毛管孔隙也以套稻覆盖的最小，比埋草栽稻少 2.7 厘米^3/100 厘米^3，比根茬栽稻少 2.9 厘米^3/100 厘米^3，说明土壤持水能力稍差；但非毛管孔隙量套稻覆盖处理则介于埋草栽稻与根茬栽稻两处理之间，比埋草栽稻的少 20.4%，比根茬栽稻的多 17.4%。非毛管孔隙多，可保证土壤快速排水，保持土体空气流通。值得一提的是，套稻覆盖处理耕层 0～7 厘米上层非毛管孔隙比其他两处理区多 36%，这十分有利于水稻浅层根系后期处于良好的通气状态，促进养根保叶使其健壮生长；而 7～21 厘米中下层非毛管孔隙较少，比埋草栽稻处理少 42.8%，比根茬栽稻处理少 8.8%，这对于避免水稻后期过早断湿，促进养老稻，提高稻米品质有益。

水稻收后测定，套稻覆盖处理耕层土壤含水率低于其他处理区，平均下降了 10.8%。这说明，该稻作生长后期田间不易渍水，根系处于良好的生态环境之中；同时也有利于接茬小麦的适墒机械整地播种。研究表明，超高茬麦（油）套稻田块由于免耕加秸秆全量覆盖，以及前茬根孔的存在、团粒结构的维持，可确保耕层土壤疏松，不存在所担心的土壤板结问题。这也从一个侧面揭示了日本福冈正信自然农法实施田块数十年不翻耕而疏松肥沃的机理。

69．麦秸全量自然覆盖的免耕土壤养分有何变化

对实施超高茬麦（油）套稻的不同生态区、不同土壤类型、不同耕作土层的土样进行了系统的测定分析，认为：套播水稻收获后，其土壤 0～21 厘米耕层的碱解氮平均增加 26.17 毫克/公斤，以 0～7 厘米上层增加量显著高于中下层，为平均增加值的两倍左右。土壤速效磷平均增加 0.93 毫克/公斤，速效钾平均增加 1.9 毫克/公斤，主要体现在 0～7 厘米的上层。无锡市分析了 0～5 厘米表层土壤速效氮比翻耕对照相对提高 8.8%，速效磷提高 14.5%，速效钾提高 8.1%。双免双套双秸秆自然覆盖还田的后茬继续免耕，保留了前茬作物根系腐烂后形成的大量土壤孔隙，同时可充分利用前茬作物富集表层的养分（含秸秆腐解后释放出的养分），因而对于后茬作物初期生长也是明显有利的。

70．麦秸全量自然覆盖的免耕土壤有机质有何变化

土壤有机质的含量与土壤肥力水平是密切相关的，

它有利于提高土壤的缓冲能力，改善保水、保肥与土壤物理性状及微生物活动。自然土壤环境下的土壤有机质是供应植物养分的重要来源。

有关研究认为，每年秸秆还田（含地上地下部）200～300 公斤/亩，可以弥补原有土壤有机质矿化量的消耗，稳定地维持土壤有机质的平衡。肥沃的土壤耕作层有机质的碳氮比为 9～11，即消耗 1 份氮素，需要消耗土壤有机碳 9～11 份，如亩产 500 公斤稻谷，随着氮肥的消耗，土壤有机碳消耗 55～75 公斤，相当秸秆 150～220 公斤。如每年有400公斤的秸秆还田，可确保作物持续高产稳产。

一般认为，每亩秸秆还田 400 公斤左右连续三年还田，土壤有机质可增加 0.2～0.4 个百分点。也有认为土壤有机质的积累，其年增加率平均为原耕层有机质的 0.01%上下。扬州市农科院在沙壤土试验田定点试验分析认为，麦套稻麦秸秆 400 公斤左右全量还田连续 3 年，0～21 厘米土层有机质含量增加 0.21 个百分点。

对实施超高茬麦（油）套稻、麦秸全量自然覆盖还田的不同生态区、不同土壤类型、不同耕作土层的土样进行的系统测定分析认为，水稻收获后，其土壤耕层的有机质平均比相邻未实施麦秸还田的田块增加 1.61 克/公斤，主要在 0～7 厘米的表层。无锡市在黄泥白土的示范田测定，0～5 厘米表层土壤有机质为 26.7 克/公斤，比相邻对照增加 0.9 克/公斤，相对增加 3.48%。麦秸全量自然覆盖还田的超高茬麦（油）套稻离田后，直观可见田块土表秸秆腐烂后的粗有机质明显增多，挖开土壤剖面不见犁底青泥层，农户一致反映下茬种麦土壤疏松，可少用一次机械作业。

71. 麦秸全量自然覆盖的免耕套稻连续多少年为宜

一般认为，免耕年代延长，土壤将越来越紧实。但秸秆全量自然覆盖还田前提下的免耕情况不同。据中国农业大学多年试验证明，免耕覆盖的土壤容重虽有所增加，总孔隙度有所减少，但毛管孔隙并未减少，稍有减少的非毛管孔隙并不影响土壤通气与水分的下渗，相反，由于在免耕下非毛管孔隙多呈根系分布状，有利于水分的下渗，因而稳定入渗率比翻埋秸秆的提高 4 倍；覆盖免耕土壤相对含水量比翻耕的增加 6%左右；覆盖免耕使土壤温度冬暖夏凉。

日本福冈正信的自然农法，将大量秸秆还田视为一场革命，稻麦秸秆全量覆盖还田前提下的麦田套稻和稻田套麦，连续实施了数十年，使土壤多孔而松软，充分发挥了土壤生物（含小动物、微生物、植物根系）的自耕力，使耕层深达 30 厘米左右，土壤理化结构及供肥能力都为逐渐少用甚至免用化肥提供了基础条件。福冈式自然农法实践已得到世界权威机构的认可，说明可以长期连续实施双免双套双秸秆还田这一技术体系。

我国耕作学家侯光炯的自然免耕法亦主张连续免耕不要间断，其相应措施仍离不开连续秸秆覆盖这一关键。

三、全苗匀苗技术

72．超高茬麦（油）套稻出芽立苗有什么特点

共生套稻破胸稻种套播后，在田间土壤湿度充足的情况下，一般 3 天出芽，7 天扎根立苗，扎根立苗比同期落谷的常规育秧方式约迟 3 天。

套直播稻播种让茬后，一旦田间灌水浸泡，36～48 小时破胸，5 天内可扎根立苗。

73．影响麦（油）套稻全苗匀苗的因子有哪些

全苗匀苗是超高茬麦（油）套稻技术实施的第一关。

影响超高茬麦（油）套稻全苗匀苗的因子主要有：少量稻种沾挂在麦芒上、植株间、叶面叶鞘处、地面高墩上以及杂草丛中，难以与泥土密接；套播后麦（油）田地表干燥；部分田块地段鼠雀禽害等。不同年景、不同田块成苗率差异大，一般为 40%左右，高的可达 60%以上，但技术措施不配套的情况下，成苗率最低的只有 16.4%。

全苗匀苗要注意田块选择、播种量、种子处理、播种作业、共生期与让茬初期的水浆管理、机收作业等各

个环节。

74. 麦（油）套稻田块选择有什么要求

要选择上一年的稻茬，少免耕种三麦（油菜），以保持田面相对平整。要求以高产栽培措施进行前茬麦（油菜）生产，尤其要做到田内无草害，但麦田要避免使用氯（甲）磺隆系列除草剂，油菜田禁用胺苯磺隆系列除草剂，以免影响套稻苗。灌排方便，地下水位较高的地区或低洼田块，必须田块内外沟系配套，达到雨止田干的标准。

75. 为什么要求田块相对平整

超高茬麦（油）套稻综合了套播、免耕、秸秆覆盖还田技术，播种基础就是大田生长的环境。就常规稻作而言，非常强调种稻田块的平整度，俗语有“田平如镜”、“大田平整高低不过寸”等。超高茬麦（油）套稻田块免去了前茬让茬后的翻耕、耙地、寸水验平等工序，因此难以实现常规稻作整地标准，但必须相对平整。如果达不到相对平整要求，将给田间管理带来不便，主要是灌水不均匀，导致影响全苗匀苗和壮苗，影响化除质量等。

超高茬麦（油）套稻田块基础不仅在前茬三麦或油菜，更主要的是在上一个年度的秋熟作物，要求秋熟为平整度较高的水稻等作物，以求相对平整。

76. 为什么要灌排方便

共生套稻全苗匀苗关键技术之一是套播当天傍晚务必灌水促齐苗。然而，三麦或油菜生长后期忌水渍，这是一对矛盾。解决矛盾的最好办法是速灌速排。因此，实施超高茬麦（油）套稻的田块，要在前茬种植前后搞好灌排沟系，特别是地下水位较高的地区和低洼田块，要及早配套农田内外一套沟，确保能灌能排。此外，超高茬麦（油）套稻是与机械收割前茬相配套的技术体系，为了机收方便，特别要应对后期可能出现的阴雨，确保雨止田干，也要求所选田块灌排方便。

前茬沟系配套，对于高产田秸秆全量还田也争得了主动，即部分秸秆可以就近埋入墒沟。

77. 为什么要强调连片种植

连片种植，这在超高茬麦（油）套稻示范推广中很有必要。如果小面积示范田处在其他农户承包田中间，共生套稻播后速灌速排是很难实行的，因为传统的观念是误认为三麦（油菜）后期不能灌水，独立灌水必然受到周边阻止。此外，麦（油）收割后，许多农民往往采取就地焚烧秸秆的办法，相邻的田块容易遭受火灾，导致技术实施毁于一旦。所以，实施超高茬麦（油）套稻示范及推广，一定要强调连片种植。连片种植还能增加人们的重视程度，便于统一管理，提高成果转化成功率和影响力。

78. 为什么要求前茬杂草相对较少

如果前茬除草不好，不仅前茬作物不能高产，更主要的是影响到超高茬麦（油）套稻种子落地扎根立苗。比如麦田杂草猪殃殃严重田块，将使不少稻种悬空吊挂；看麦娘、硬草、早熟禾等严重田块，使稻种与土壤之间为地毡状的杂草所阻挡；此外，前茬不少杂草（如网草、棒头草等）还会在让茬后的一段期间延续生长，给超高茬麦（油）套稻幼苗的生长带来影响，也给稻田化除带来新难题。

79. 为什么所选田块一般不宜作原种繁殖田

试验研究与示范应用中发现，上一年收割落地的稻谷，接茬少免耕种植的情况下，其中生命力强的稻谷，经历田间越冬，仍能在麦（油）田内发芽出苗。实施本技术会出现以下情况：一是上一年为常规水稻品种的，可以正常出穗成熟，且植株健壮，穗大粒多籽粒饱满；二是上一年为杂交稻的，则因杂交第二代分离变异，使田间出现不同类型的稻株，有早熟迟熟的，有高的有矮的，有结实的与不结实的，导致田间去杂麻烦、产量受损；三是上一年收割机械带来或本田已有的杂稻特别是杂草稻落地，将严重影响当年稻种纯度。因此，一般不宜采用超高茬麦（油）套稻技术进行原种繁殖。

80. 上一年种植杂交稻的田块套播水稻要注意些什么

上一年种植杂交稻的，要注意收稻时避免稻谷落地。如有稻谷落地，秋种时要翻埋到10厘米土层下。

如当地稻作后期常年温光条件好，所选择杂交稻生育期较短，可以采用麦（油）收割前1～3天的套直播模式，有利于诱发化除上年落地再生的杂交二代苗。杂交稻种植地区如应用共生套稻技术，也可选用与杂交稻近似特性的常规水稻，如江苏省扬州市农科院育成的扬稻6号等品种。

81. 为什么选用大穗型或穗粒并重型品种最适宜

经试验研究与不同生态区示范再研究认为，各地推广品种一般皆适宜作超高茬麦（油）套稻技术应用品种，但最理想的是选用大穗型或穗粒并重型品种。这主要是因为超高茬麦（油）套稻可以利用多熟种植的套播共生优势，延长营养生长期，充分利用自然温光条件，实施高产超高产栽培。超高茬麦（油）套稻如共生期在20天左右，一般两个左右低位分蘖缺位，应用大穗型或穗粒并重型品种，也有助于弥补上述不足。

随着农业结构调整，有些优质稻种穗型偏小，或有的生育期偏短，如应用于超高茬麦（油）套稻田，其稳产高产策略为：通过适当增苗增穗途径，弥补粒数不足的矛盾，同时更要注意保蘖促花肥的施用。

82. 套播期确定的原则是什么

考虑到不同生态区的品种应用、气候因素、前茬生长等差异显著，原则上，共生套稻参考当地同品种露地育秧最适播种期；套直播要确保该品种在当地能安全齐穗、正常灌浆结实。

一般水稻在5℃时就可以发芽，但15℃以上为安全。日本研究在小麦起身前的早春2月用机械开沟套播入麦行间，但真正发芽立苗也要到气温稳定回升的5月份。低温出芽慢，易受到病虫鼠危害，一般成苗率很低。

83. 共生套稻共生期长短有什么利与弊

所谓共生期，是指套播作物与套播时在田作物至收获日为止的共同生长期。

研究认为，共生套稻共生期长的，水稻营养生长期延长，可充分利用生育期稍长的高产品种；共生期长的让茬时水稻叶龄较大，便于让茬初期水浆管理，特别是有利于保水层，提高化除效果。但存在问题一是让茬时稻苗已过离乳期，自身养分严重亏缺；二是低位分蘖缺位多；三是部分杂草早出、叶龄偏大。共生套稻共生期短的，成苗率较高，让茬时稻苗处于二、三叶期，相对比较健壮，但存在问题一是难以充分发挥生育期稍长的高产超高产品种优势；二是植株较矮，对于让茬初期及早保水化除难度增大。一般共生套稻与三麦（油菜）的共生期15～25天为宜。

84. 基本苗确定的原则是什么

针对超高茬麦（油）套稻一般低位分蘖缺位较多，但套播田块通透性好、易于实施群体调控等特点，超高茬麦（油）套稻稳产高产走足苗争足穗这一技术路径较为主动。田块无水浆管理等方面障碍因子的，原则上参照该品种在当地麦后直播栽培的基本苗数，也就是比常规育秧移栽稻适当增加基本苗。需要注意的是：常规育秧移栽稻的基本苗含大分蘖在内，而直播稻和超高茬麦（油）套稻的基本苗即密度，专指单株苗量。

85. 为什么说基本苗可以适当高一点

麦茬留 30 厘米超高茬情况下，就穗粒并重型的武育粳 3 号套播基本苗与穗数的相关分析认为，因经常断水等原因不易发苗的田块，其基本苗与穗数呈极显著正相关（r=0.750 0**）；在易发苗田块，基本苗与穗数没有显著相关性。

在扬州市农科院沙壤土爽水田块套播大穗型的迟熟中粳稻供试，不同基本苗（每亩 2 万～12 万）研究分析认为，单株成穗变幅 2.1～7.0 个，每亩成穗 14.7 万～25 万，基本苗与单株成穗呈极显著负相关（r=–0.886 4**）；与单位面积有效穗及产量皆为极显著的正相关（相关系数分别为 r=0.807 6**，r=0.604 2**）；基本苗与单位面积总颖花量为显著正相关（r=0.520 1*）；而总颖花量（每亩 1 764 万～2 750 万）与结实率和千粒重无明显相关性

（相关系数分别为 r=0.041 0，r=–0.018 5）。

在丘陵地区以大穗大粒型的武运粳 7 号设计每亩 5 万、10 万、15 万基本苗研究认为，5 万基本苗尽管单株成穗比 10 万和 15 万的分别多 0.61 个、1.03 个，且穗型较大，千粒重较高，但因单位面积有效穗数不足，导致产量较低；10 万基本苗可获 600 公斤左右亩产；15 万基本苗虽穗型较小，但穗数优势弥补了粒数的不足，且千粒重也较高，仍达 600 公斤左右亩产。

因此，超高茬麦（油）套稻适当提高基本苗即密度，是高产稳产的主动对策，而且有利于节氮，实现优质生产。全免耕加麦（油）田一套沟的优越生态环境，也为中后期群体的合理调控提供了保障。

日本福冈正信的自然农法套播实践为采用大穗型品种、密植抑制型栽培、自然淘汰，即使免用化肥，仍可获亩产 600 公斤以上的糙米。这是值得借鉴的有益启示。

86. 不同类型水稻一般基本苗多少为宜

不同生态区高产试验示范认为，现阶段应用的常规稻品种高产栽培一般基本苗 4 万～8 万，杂交稻 2 万～3 万。麦套稻、缺水或不易保水地区基本苗宜多些；油套稻、低洼地、超高产栽培的基本苗宜少些。

87. 影响超高茬麦（油）套稻成苗率的因子有哪些

影响超高茬麦（油）套稻成苗率除了前茬因素外，还有：一是与水稻套播后的田间湿度相关。套播后扎根立苗期阴雨或田块保湿的成苗率可达 60%左右，相当于常规育秧成秧率；田间湿度不足，成苗率最低的只有 16.4%。二是与共生期长短有关。30 天左右或高达 40 天的成苗率相似，皆低于 20 天左右的，共生期长的成苗率相对较低。三是与不同类型水稻有关。一般杂交稻成苗率高于常规稻。

88. 如何提高套稻的成苗率

提高成苗率，首先是注意前茬田块选择达到技术标准要求，避免意外的影响因子；其次要重视种子处理，特别是共生套稻播前种子要充分吸足水，达破胸程度后包衣；务必播种当天灌溉，达到底墒洇透、表土湿润，播后 3 天内表土干燥的，要及时补洇第二次水。

89. 超高茬麦（油）套稻播种量如何确定

常规稻一般每亩 4～7 公斤，杂交稻为 1.5～2 公斤。不同生态区的不同土质及具体品种的播种量，要根据该品种在当地的最佳基本苗数，按照种子实际质量特别是发芽率、千粒重等，参考常年一般成苗率计算。共生套稻、丘陵缺水地区或不易保水的田块，播种量宜多些；套直播稻、水源充足地区，播种量宜少些。

90. 为什么共生套稻务必浸种吸足水

据研究，稻种在 4、5 月份常温条件下浸种，吸足水达大部分破胸露白程度一般需 3～4 天，套播后 3 天左右，只要种子胚与土壤密接，且有湿度，种子根可扎入土壤2厘米左右，此时可立苗现青。

如果干稻种直接套播于三麦（油菜）田面，因三麦（油菜）生长后期根系活力下降，正常生长及高产栽培都强调降渍，更不允许地表积水数日，加之套播期间一般天气多干燥，即使偶有降雨，也不足以套播于田面的水稻种子吸足水分扎根立苗。因此，套稻种子务必要先浸种充分吸足水，播到田面后迅即与田间短暂保湿措施相配套，才能达到一播全苗。

91. 什么叫破胸露白

浸种吸足水的标准是种子破胸露白。所谓破胸露白，是指种子吸水量达到自身重量的25%以上，种壳透明，种胚处谷壳稍见破裂，露出白色，即将长出根芽的一种形象化的描述。

92. 什么叫种子包衣

种子包衣是指在种子外部包裹涂层，借以达到某种需求。种子包衣时间、材料、作用等都有差异，有的是在干种子上包衣后备用，有的则是浸种吸足水后随时包衣播种；有的仅仅以泥为材料简易包裹，有的则是以含有杀虫剂、杀菌剂、高吸水剂等原料的材料包衣。

超高茬麦（油）套稻种子包衣现实意义主要是促进种子与表土密接，并且起到一定的预防鼠雀害作用，有利于提高成苗率。简易泥团包衣，可增肥、增重、光滑，易于落地。扬州大学农学院试验认为，破胸稻种简易包衣套播的，比破胸稻种直接套播的提高出苗率 5%～12%。

93. 套稻种子包衣注意点有哪些

超高茬麦（油）套稻种子包衣有泥团法和包衣剂处理两种方法。

种子泥团法包衣是一种简易包衣方法，其要点有：按种子、稠泥、干细土 1∶0.3～0.5∶2 的比例（稠泥采用河泥或沟泥，比重为 1.7 左右，类似砌墙泥），先将稻种捞出沥干，然后加入稠泥拌和至谷不见天，再掺入 2 倍干细土，揉成颗粒（老鼠屎状），最后过筛，筛去多余细土，以方便播种。

包衣剂包衣要根据不同包衣剂要求进行操作，特别注意是否对破胸稻种安全立苗有影响，应当先试验再推广。

94. 套播作业要注意些什么

套播作业与育秧播种作业不同点在于：育秧田播种时，播种手可以清楚地看到落籽均匀情况。而套播时因三麦（油菜）植株遮盖，无法看到稻种落地情况，漏播、重播的也很难发现；育秧田播后有个重新拔秧移栽工序，即使播种不匀，也因大田栽植而确保大面积秧苗分布均匀。套播作业是一播定终生，一旦不均匀，往往很难再去匀苗。因此，套播作业时，必须由经过训练的播种手操作。同时注意下述几点：

人工播种时，按畦称种、均匀撒播。

采用弥雾机喷播时，喷播的包衣种子要晾干（大面积无鼠雀害地区可免包衣），操作时更要谨防漏喷、重喷。

油菜一般植株较高大而分散，需要结合最后一次防病治虫，沿墒沟向两边推开一个人行道，以方便套播。

95．什么叫“太平苗”

所谓“太平苗”，是指为了预防基本苗不足，在大田套播同时所准备的同品种备用苗。

机械收割时近田头地角处较易压损苗，太平苗可以预先播在收割机轮子压不到的田头地角。如果油菜人工收割在田间脱粒的，可在脱粒场所周边预播太平苗。就近预播太平苗，有利于让茬后就近补苗，节减用工。太平苗数量以可能造成损苗地段面积测算，一般在需补苗的周边相等面积中增加一倍的播种量即可。

96．为什么共生套稻当天务必灌好齐苗水

水稻发芽所要求的土壤持水量为 50%～70%，而共生套稻田块的三麦或油菜生长后期往往雨水少，特别是稻种着地的表土干燥，无法满足发芽对水分的需求；加之超高茬麦（油）套稻种子只有与表土密接，才能迅速扎根立苗。因此，水稻破胸稻种套播后，当天傍晚务必及时灌水，直到淹没田面高墩，然后迅速排出，确保第

二天日出前墒沟无积水。

遇有播种期间降雨，是否可以免灌齐苗水？

降雨与灌水有不尽相同之处。在麦油生长后期的降雨，是通过秸秆淋到地面，对于播种落地的稻种无直接冲击；而灌水是通过水的快速流动，可促使稻种与表土密接。另外，降雨仅仅是短暂淋湿地表，天气一旦转晴，因作物后期蒸腾量大，气温高，地表很快失水干燥；而灌水是从底墒蓄足水分，在土壤毛细管作用下，可使土壤整个耕作层浸湿，一般能维持表土 3 天左右的湿润。因此，播种期间即使降雨，也需灌齐苗水。除非连降暴雨、田面见水流淌、底墒蓄足，才可免灌。

97. 三麦（油菜）生长后期灌水会不会影响产量

传统观念认为，三麦（油菜）生长后期根系弱，怕水渍，因此，一提灌水，大多数人都心有疑虑。其实，只要做到适时、适度，麦油生长后期灌水不会影响三麦（油菜）产量。

研究了灌溉对三麦后期生长及千粒重的影响认为，即使灌溉当天及第二天遇有 6～7 级大风侵袭，也未发生因灌水而导致的倒伏等不良后果。阴雨年景水稻套播后麦田速灌速排，在同田同畦面的灌溉与不灌溉的交界处，分别随机取样并重复 6 次测定小麦千粒重，未见显著差异；在高温干旱的年景，小麦灌水后千粒重平均增加 2.7 克，增幅 6.11%，即显著增产。

98. 三麦（油菜）后期降渍与共生套稻扎根立苗需水矛盾如何调节

首先，共生套稻的稻种浸种吸足水分达破胸露白程度；其次，播后洇水速灌速排，即：播种当天傍晚洇水，一次性淹没高墩后迅速排出（高爽田块可第二天清晨排水），其原则是确保第二天日出前田间沟内无积水。采取这两条对策，可有效地调节好两者的矛盾。

99. 干旱年景或干旱田块怎样确保一播全苗

水稻套播当天麦田或油菜田速灌速排后，如果因持续高温干旱或高爽田块，导致第一次灌水后 3 天不到即田面干燥的，宜第三天再速灌速排一次，可确保共生套稻 3 天左右出芽，7 天左右及时扎根立苗，争得一播全苗齐苗，且有利于小麦后期正常灌浆，提高千粒重。

100. 套播前茬三麦（油菜）如何收割

超高茬麦（油）套稻前茬三麦（油菜）可人工收割或机械收割。

人工收割的，尽量留高茬。如油菜收割放倒田间晒后就地脱粒，要注意相对集中，以减少全田人为压损面积。

机械收割的，一般情况下对稻苗无影响，但地势低洼排水不畅处、田头多次碾压处有一定的影响。为此，一方面要事先搞好农田水利建设，强调灌排方便。另一方面要避免机械在田内反复碾压行走，将机械调转频繁的地点安排在田头，以便让茬后统一实施补苗作业。烂田作业时，履带式收割机优于轮式收割机。

101．三麦（油菜）让茬后为什么要先湿润再建水层

麦油收割时，共生套稻苗一般有二三张叶片，有二三寸高，凡机械碾压和人工踩踏处，免不了稻苗倒地。如果让茬后立即建立水层，倒地稻叶与泥水粘在一起，加之碎秸秆籽壳遇水浸湿后下沉到地面，使倒地稻苗难以竖立，将严重影响全苗。麦油收割前 1～3 天的套直播稻，让茬后第一次灌浅水浸泡稻种，也只需两天就破胸，在扎根立苗期同样务必湿润，不可建立水层。

为此，麦油让茬后，务必先湿润 5 天左右，然后逐步转入薄水分蘖、间隙灌溉。

102．套直播稻田间灌水浸种多长时间为宜

无共生期的套直播稻，在套播前只需药剂种子消毒处理即可，至多浸种 24 小时，套播时一般尚未破胸，必须等到麦（油）收割后才能灌水，即田间浸种、田间破胸。一般情况下，田间灌水浸种两天两夜（48 小时）即可破胸（气温 30℃以上只需 36 小时左右）。因此，灌水后 48 小时内要确保田面无积水，做到麦秸秆抓起来无滴水，在覆盖秸秆既湿润又透气的条件下，十分有利于水稻出苗和壮苗。破胸稻种如在田间水层中，在连续低温阴雨情况下易形成“烂种”，在高温情况下易形成“煮芽”。

为了避免田间秸秆腐解肥水排放，同时实现节水灌溉，麦（油）收割后要灌浅水，尤其是低洼田要灌薄水，力求36～48 小时田面自然落干。

103. 为什么说让茬后 20 天左右是移苗补缺的最佳时期

让茬后半个月左右是超高茬麦（油）套稻封杀化除的最佳时期。再经 7 天左右充分发挥除草药效，此时移苗补缺与人工清除遗漏杂草可以同步进行。同时，让茬后半个月左右套稻苗分蘖开始启动，此时移苗补缺也适应了同步促进分蘖的需求。再则，免耕田块经过 20 天左右的浸泡已回软，便于人工拔苗就近抛植立苗。

104. 麦（油）套稻如何补缺苗

麦（油）套稻田块一般只要求补缺苗，不强调专门匀苗，主要是考虑已有套播时按畦称种、均匀散播的要求；播种量不同于秧田的高密度；特别是水稻自身具有较强的调控能力，稍有稀密不均匀，在超高茬麦（油）套稻这种稻作方式中更容易自我调控。

补苗也同样要求省工省力。一般是采用带泥抛秧办法，就近以手拔或锹铲带泥的稻苗（相邻预留的太平苗或就近偏密的稻苗），抛向缺苗处。大面积生产只要消灭株距大于 30 厘米的空白塘即可。

四、病虫草害控制技术

105. 稻田主要杂草有哪几类

稻田杂草是混生的，一般由一两种主要危害杂草，伴随着几种不同危害程度的杂草，形成杂草群落。超高茬麦（油）套稻田主要杂草分为三大类：

①禾本科类。主要有稗、旱稗、千金子、马唐、李氏禾、网草等，属单子叶杂草，多数以种子繁殖，种子较小。采用土壤封闭化除为主，茎叶处理一般需在 3 叶前。

②阔叶类。主要有水花生、鲤肠、瓜皮草、鸭舌草、四叶萍、眼子菜、水蓼、水苋菜、节节菜、丁香蓼、陌上菜等，属双子叶杂草。此类杂草生长点裸露，叶形较宽或圆，一般在水田萌发较迟。

③莎草科类。主要有异型莎草、水莎草、扁秆藨草、日照飘拂草、萤蔺等。

杂草的发生种类、群落、分布以及危害情况，与种植制度、管理水平、土壤肥力、除草活动等密切相关。一般而言，稗草、异型莎草等在各稻区广泛分布；眼子菜分布在低洼积水处；水莎草分布在湖荡地区的肥沃稻田中；扁秆藨草分布在脱盐土和沙质土地区；千金子分布在干湿交替的稻麦轮作区。杂草中的稗草、异型莎草、千金子、鸭舌草等优势种发生频度在70%以上。

106. 超高茬麦（油）套稻田杂草发生有什么特点

第一个特点：萌发早，发生期长，草龄参差不齐。

水稻套播洇水后，田间处于湿润状态，有利于马唐、旱稗等半旱性杂草发生。萌发早迟取决于麦田前期土壤含水量及第一次洇水时间。据扬州市农科院研究，5月中旬套播当天灌水后一个星期左右，田内的稗草、千金子即大量出芽。6月初前茬收割后，套稻苗3叶期左右，而稗草3～9叶，有的甚至进入抽穗期；千金子2～4叶；双子叶杂草刚见出芽；莎草3～8叶，水莎草严重田块让茬时可达30厘米左右高度；蓼科杂草株高25厘米左右，部分出穗；网草4叶至出穗，而且麦田成熟落地的网草种子，在稻田此起彼伏发生。据姜堰市农业局研究，套稻田块整个出草期从5月中下旬到8月下旬长达90天以上，而移栽稻田块出草期为55天左右。套稻田杂草有两个出草高峰：第一个出草高峰即为主峰，在前茬让茬上水后6天左右进入出草高峰期，前后长达30天，出草数量占总草量的72%～83%，不同杂草出草集中时段不同。5月中旬套播的，播后15～35天萌发的主要有稗草、千金子，莎草与稗草的始发时间相近，但其发生期比稗草长20天左右；第二个出草高峰为套播后35天左右，主要是阔叶杂草。

第二个特点：类型多，水田杂草与旱田杂草并存。

超高茬麦（油）套稻田耕作层的生态环境较一般直播田和移栽田更有利于杂草发生，群落复杂。套播洇水后半旱性杂草首先萌发，同时，前茬残草如网草、棒头草、早熟禾等重新萌发或再生新枝，形成水旱群落。前茬让茬后浅水勤灌、干湿交替，有利于陌上菜、稗草、异型莎草、千金子等一年生杂草萌发，形成湿生杂草群落。6 月下旬调查，套稻田不仅有叶龄 6 张以上、单株分蘖最多达 28 个的稗草，以及水花生、瓜皮草等稻田杂草，而且有麦田残留下来的蓼科杂草和禾本科网草等。8 月上旬调查典型套稻田内杂草有：禾本科的稗草、千金子、马唐、牛筋草、网草，阔叶类的水花生、鲤肠、瓜皮草、鸭舌草、四叶萍、水蓼、丁香蓼等，莎草科的异型莎草、萤蔺、水莎草、扁秆藨草等近 20 余种。

第三个特点：密度高，危害严重。

超高茬麦（油）套稻播种量约为常规育秧田播种量的 1/5 甚至更低，单位面积稻种数量远远低于杂草种子数量，杂草占据相对较多的空间。研究发现，套稻典型田块杂草比旱直播田杂草数量翻了一番，1 平方米最多有 1 674 株不同类型的草芽。上海示范再研究认为，套稻田块杂草数量大于麦后直播稻 30%～50%。

套稻种子直播于三麦（油菜）田面，其萌发条件劣于草籽。加之，杂草种子有很强的适应性和顽强的生命力，而且数量多，极易形成草欺苗态势。

107. 超高茬麦（油）套稻田块杂草防除对策是什么

针对超高茬麦（油）套稻田草相复杂、草量大、出草期长且参差不齐，加之秸秆还田等特点，目前仍以化除为主要手段，辅之以其他农艺措施相配合，如：尽可能压低上一年稻田杂草基数；前茬三麦（油菜）田间无草害；稻种精选清除草种；化除后人工及时辅助拔除遗漏杂草等。其对策可概括为“一封杀、二挑治、三清除”。

108. 什么叫“一封杀、二挑治、三清除”

这是针对杂草出草规律及化学除草效果提出的杂草综合防除对策，采用这一对策，可以较低的投入，获得较理想的杂草综合防除效果。

“封杀”是指封杀化除，同时兼有土壤封闭和杂草茎叶喷杀处理。“挑治”是指针对封杀化除后残留杂草或后发杂草，对症选用除草剂、对准杂草地段，进行茎叶喷雾处理。“清除”是指化除后人工辅助拔除遗漏杂草。

土壤封闭化除技术原理是利用杂草种子发芽时和幼苗期对化学除草剂的抗药性最弱这一特点，实施土壤药物处理（药土或喷雾），在土表形成药剂扩散层，从而使土表层萌发生长的杂草，由于根系和胚芽接触、吸收药剂导致死亡。除草剂的土壤处理除了利用生理生化选择性来消灭杂草外，不少是利用时差或位差选择进行灭草。

茎叶喷雾化除技术原理是通过药剂的触杀和茎叶吸收、传导，破坏杂草的正常生理、生化反应，致使杂草死亡。一般要使用选择性强的除草剂，并在杂草反应最敏感、作物抗性最强时期用药。茎叶处理剂的防除效果与温度、光照以及除草剂在植物体表面的润湿附着状况等条件有很大关系。

109. 为什么说搞好前茬杂草防除是前提

超高茬麦（油）套稻实施田块是前茬麦田或油菜田，如果杂草防除不力，残留杂草基数大，不仅直接影响到套稻种子与土壤密接，难以拿到全苗匀苗，而且前茬不少杂草（如网草、早熟禾、棒头草等）在让茬后的一段时期，因环境条件适宜，能够继续旺盛生长，给尚未进入分蘖盛期的套稻苗带来危害。更为麻烦的是，前茬杂草的化除药剂与稻田除草剂大多数不通用，因此，增加了杂草防除难度，容易形成草欺苗。所以，凡实施超高茬麦（油）套稻的田块，务必认真抓好前茬杂草的有效防除，以争得主动。

110. 麦（油）套稻田块如何封杀化除

套稻苗全部竖立、叶片达到 3 张、薄水层时全田稻苗心叶露出，为前茬让茬后 10～15 天，此时是麦（油）套稻封杀化除最佳时期。参考药剂“苄·二氯”每亩 50～100 克。用药方法与要求：田面湿润、晴好天气露水干后，先将除草剂与少量水稀释，再兑水搅拌后细喷雾。手动喷雾器每亩兑水 3 桶、弥雾机兑水 1 桶半。喷后 48 小时建立薄水层但不得淹没水稻心叶，要求缺水补水 3 天，才能达到理想防效。

111. 千金子如何挑治

千金子别名绣花草、水稗、六月秀，为夏季一年生湿生杂草。1 株千金子可结种子上万粒，边成熟边脱落。土表层湿润最适发芽，如稻田积水，不利发芽。

千金子尚未出土或幼龄期，选用可同时控制稗草千金子的除草剂如 30%丙草胺（商品名“扫弗特”）等封杀化除。对残留千金子，可选用 10%氰氟草酯乳油（商品名“千金”）挑治。为确保防效，降低农本，用药时间宜早不宜迟，以杂草 5 叶以下使用为佳。

对 5 叶以上千金子，防除高效且低成本的挑杀药是噁唑禾草灵（商品名“骠马”）。该麦田除草剂转用到稻田除草，是一项发明专利。应用时务必注意以下几点：稻苗必须 5 叶以上；田面湿润；选择当天晴好无雨、不闷热的天气；露水干后细喷雾；按实面积每亩 6.9%噁唑禾草灵 40 毫升左右，手动喷雾器见草喷雾、不得重复；药后 48 小时务必田间灌水，保持 5 天浅水层。

112. 稗草如何挑治

稗草的别名叫长子，是夏季一年生水田杂草。1 株稗草可结数千至上万粒种子，一般成熟早于水稻。稗草种子 10℃开始萌发，最适宜温度为 30～40℃，表层土壤出草率高，土壤干旱或长期积水不利出草。

对于 5 叶以下的稗草，多年应用较为有效的除草剂为二氯喹啉酸（商品名叫“快杀稗”、“神锄”等）。二氯喹啉酸属于有机杂环类除草剂，使用剂型为50%可湿性粉剂，每亩用量50克左右，针对稗草细喷雾挑杀，株防效达90%以上，对2叶以上稻苗安全。除稗效果随着用药量增加而提高，随着稗草叶龄增加而下降。用药后稗草中毒显黄化，5～7天逐步死亡。对化除7天后未死亡的高龄稗草及时人工拔除，以防死而复生。

对于5叶以上的稗草，可在二氯喹啉酸中添加6.9%噁唑禾草灵每亩40毫升左右。

113. 莎草科杂草及阔叶类杂草如何挑治

莎草科杂草多数被称为三棱草，又分为一年生和多年生。封杀处理的除草剂主要选用苄嘧磺隆（商品名“农得时”）、吡嘧磺隆（商品名“水星”、“草克星”）等。茎叶处理挑治化除主要选用吡嘧磺隆、2甲4氯等。一般用量：10%吡嘧磺隆每亩20～30克，或13% 2甲4氯水剂每亩300～400毫升。

2甲4氯是一种激素类内吸传导除草剂，能被茎叶吸收传导到地下繁殖器官，从而有效地防除多年生的莎草和阔叶杂草，但对稻苗有断老根、发新根、短暂抑制分蘖和使叶片暂时褪淡作用，一般7～10天可恢复，并且发根加快，秧苗健壮。但要注意避免在水稻5叶前使用，谨防产生葱管状药害。

阔叶类杂草防除药剂及方法可参考莎草科杂草防除药剂及方法。

114. 空心莲子草（水花生）如何挑治

空心莲子草（水花生）严重田块，在套稻分蘖盛期后、拔节期前，用20%氯氟吡氧乙酸（商品名“使它隆”）20毫升/亩加13% 2甲4氯150毫升/亩喷雾，可有效抑制其为害，且对水稻生长发育安全。

115. 化学除草效果差异的主要影响因子有哪些

化学除草效果影响因子较多，排除药剂自身质量问题外，主要有：

①使用对象不当。如二氯喹啉酸只对5叶以下的稗草效果好，对千金子无效。

②使用剂量不当。杂草小的一般按推荐的低量即可，对大龄杂草如用药量不适当增加，其效果往往很差。

③使用时期不当。如丁草胺等除稗效果是在稗草1叶1心以下最好，稗草超过2张叶片则效果明显降低甚至无效。

④使用方法不当。如茎叶处理宜采用喷雾方法，必须稻田湿润、田面无积水，且用足药液量，确保杂草茎叶全株受药。

⑤使用后田间管理不当。如喷雾处理后一般半天以上不能遇雨，且稻田需48小时后灌水，并保持3～5天水层，才能保证或提高化除效果。

116. 化除后人工辅助拔草什么时候最好

一般化除药剂很难达到百分之百的防效，同时也有防除遗漏，这就要求人工辅助拔草。化学除草剂使用后，需要一段时间才能见效。一般除草剂使用 7 天后下田拔草效果为好，因为，此时杂草基本致死，未死的大草也因药伤而较容易分辨，且老根已死，新根尚未扎根，很容易拔除。

117. 什么叫杂草稻

杂草稻是来源于栽培稻与野生稻或籼稻与粳稻自然串粉杂交产生的、在自然环境中野化的一类特殊水稻材料，具有较强的抗逆性和对环境的适应性，我国有将其作为育种亲本进行应用研究。由于它具有易落粒、能休眠以及与栽培稻争夺阳光、养分、水分等特征，因而杂草稻确切地说是一种杂草。这类稻产量低、稻米加工品质、外观品质及食口性差，特别是成熟时落粒性很强，能在田间自然越冬第二年自然萌发。

杂草稻在全球 50 多个国家的稻作田块，尤其是免少耕直播稻田产生危害，泰国、越南、马来西亚等东南亚国家发生危害严重，已引起联合国粮农组织和世界各国的高度关注。据南京农业大学课题组调查，2008 年我国杂草稻发生面积也已超过 20 万公顷，遍及全国 20 多个省（市、区）的水稻产区，以辽宁、江苏和广东等省杂草稻发生比较严重。

杂草稻在北方为粳型，在南方多为籼型，谷壳颜色黄色或浅褐色，糙米种皮为棕红色，又称为红米稻。据扬州市农科院多年研究，苏中地区主要杂草稻分为高秆和矮秆两种类型，且没有分离现象。田间越冬自生杂草稻表现为籼型，在其全生育期具杂交籼稻特征特性：叶色较淡、苗期植株稍高、株型散、茎秆扁软，分蘖力强，容易识别。抽穗成熟早，穗子都较长，一次枝梗数少，穗形松散，易落粒。矮秆杂草稻株高仅 65 厘米左右，高秆杂草稻株高 85 厘米左右。

118．杂草稻发生及危害特点是什么

杂草稻产量显著低。扬州市农科院对比试验认为，比常规粳稻减产 12.3%～14.5%，加上易落粒，实收产量更低。产量结构表现为单株成穗数较多，千粒重明显低，仅 20 克左右，是常规粳稻的三分之二，每穗粒数仅 65 粒左右，为常规粳稻的二分之一，但结实率可达 95%左右，比供试常规粳稻高 4 个以上百分点。

杂草稻加工品质、外观品质及食口性差。根据测定，精米率比武运粳 7 号低 5～7 个百分点，但蛋白质含量高达 18.2%，比对照武运粳 7 号高 1 倍以上。

越冬杂草稻出苗早、单株分蘖性强，一旦稻田中混入，将出现常规稻苗被欺的现象，如没有及时清除，将直接影响大田水稻生长。杂草稻的落粒性强及在地表越冬自生出苗率高，但秋播时如翻埋到 5 厘米以下，出苗率明显下降，如翻埋到 10 厘米以下，杂草稻苗难出苗。

119. 杂草稻防除对策是什么

在大面积生产中，杂草稻需作为检疫对象，从种子上把关，防止带入田间；田间混入少量杂草稻后，应着手从容易识别的苗期清除，尤其不能让其抽穗灌浆；如发现田间杂草稻成熟落地，则当年秋播可采取耕翻入土10厘米的对策，但旋耕解决不了已落地杂草稻下年自生的危害。

上年落地杂草稻严重田块，如第二年旋耕后插秧或抛秧，要谨防10厘米左右土层中的杂草稻种子旋到土表后大量萌芽生长。必须建立水层，控制杂草稻萌发。

根据扬州市农科院最新研究和不同生态区大面积生产实践示范应用，对于杂草稻严重落地田块，可采取无共生期的套直播模式。即：麦（油）收割前20天左右，田间充分湿润几天，诱发杂草稻早出苗、出齐苗；麦（油）收割前1～3天套稻；麦（油）收割后立即用41%草甘膦200毫升喷杀，第二天田间灌溉，防除杂草稻的效果可达80%以上。

对于田间残留的少量杂草稻，只有做到“拔早、拔小、拔了”，切不可任其大量分蘖，甚至抽穗灌浆，才能给水稻正常生长创造一个较好的环境，以免当年欺苗、下年成灾。

120. 为什么说超高茬麦（油）套稻抗逆性较强

超高茬麦（油）套稻没有育秧移栽工序，是直接将稻种套播在麦田或油菜田，处于缺肥、缺水、缺光照的逆境下生长，稻苗叶色浅，不像育秧田因嫩绿而易惹稻蓟马和螟虫。据江苏兴化市调查，超高茬麦（油）套稻一代、二代、三代螟害率分别相当于同期播种常规稻作的三分之一、二分之一和四分之三，尤其是一代螟虫明显减轻，这对于减轻螟害是有利的，因为螟虫是小范围迁飞性害虫，防螟策略之一是压低一代基数。据江都市应用大户反映，可节省防治一代螟虫的农药。

以麦秸全量自然覆盖还田为主要特征的超高茬麦（油）套稻，其田块免耕无犁底层，前茬田间沟系能延续到稻田发挥作用，爽水性好，田面始终处于“浅水次次清”、“清水硬板”，使水稻一生都处于良好的生态环境之中，有利于水稻生长发育不同阶段的调控，使水稻植株健壮，抗逆性增强，确保了稳产高产。据免耕稻作研究，一般近地面第一节至第三节间比翻耕的短，管壁厚，单位长度的干重显著增加，因而抗倒性强。超高茬麦（油）套稻生长中后期根系健壮发达，并产生不少像玉米植株那样的气生根（支持根），更加有利于抗倒和群体调控。1999 年江苏苏中地区水稻结实期遭受连续阴雨和 13 号、14 号台风侵袭，大面积常规稻作田块倒伏 50%～60%，而超高茬麦田套稻仅簇状倾斜 5%～10%，当年 10 月 16 日，江苏省专家组现场考察认定，超高茬麦（油）套稻“表现抗倒，纹枯病比对照田块明显减轻”。

2000 年，姜堰植保站调查了 21 个乡镇 176 块田，移栽稻纹枯病平均病株率 7.28%，病指 2.85，而超高茬麦

（油）套稻未见病；调查了18个乡镇158块田，移栽稻稻曲病病穗率3.98%，病指0.12，抛秧稻分别为2.47%、0.06，超高茬麦（油）套稻分别为0.79%、0.01。在江苏盐城调查，移栽稻及抛秧稻纹枯病病株率8%～10%，病指3，稻曲病病穗率4%～5%，超高茬麦（油）套稻不到1%。2004年，江苏省条纹叶枯病严重发生，重灾区之一的宝应县常规育苗移栽稻平均亩产433.3公斤，而套稻平均亩产549.5公斤，比常规稻作增幅26.81%，且少用2次以上农药。2006年6月底7月初，宝应县发生百年难遇的水灾，该县泾河镇黄浦村潘东组在淹没6天7夜的情况下，套稻实收平均亩产仍过500公斤，最高的达到652.5公斤。

121. 超高茬麦（油）套稻主要病虫害是什么

6月下旬是二代稻象甲盛发期，套播期偏迟的秧苗正处于2～3叶期，部分田块易受害。稻象甲成虫白天潜伏于稻丛基部及田埂草丛中，夜晚和阴天危害稻苗：2叶1心前可咬断心叶形成“无头苗”。3叶后齐水面处蛀食假茎，心叶抽出呈排孔状，或摄食稻叶形成缺刻、断叶。田面无水时，成虫在离地面2～3厘米的假茎上蛀洞，不久心枯似螟害状。

在麦田粘虫为害严重且防治不力的局部田块，也曾出现麦收后粘虫咬食稻苗的现象。

对于基本苗偏少而多肥后发的田块，由于抽穗不整齐，易导致螟害白穗。

122. 麦（油）套稻要注重防治哪些病害

超高茬麦（油）套稻播前种子药剂处理与常规稻作方式相同，特别是粳稻播前要药剂浸种预防恶苗病、干尖线虫病、条纹叶枯病等。纹枯病发生程度较轻，但对于低洼处、高峰苗偏多田块仍要注意调查与及时防治。破口前后要注意穗颈瘟、稻曲病的防治。

123. 麦（油）套稻要注重防治哪些虫害

超高茬麦（油）套稻苗期要注意稻象甲、粘虫、灰飞虱的防治。防治要早，如对于稻象甲，当水稻 1 叶 1 心前零星发现断头稻苗时，就要及时用药，以防蔓延。

中后期与常规稻作同样重视螟虫防治，特别注意基本苗偏少而后发田块水稻抽穗期的螟害白穗预防。

超高茬麦（油）套稻一般破口要比常规移栽稻迟 3 天左右，因此，对于抽穗期的螟虫防治必须强调“随破口、随打药”。

124. 鼠雀害严重田块有何对策

据有关资料介绍，目前因鼠害造成的直接经济损失每年达 200 亿美元。老鼠种类繁多，生殖能力很强，一对成年老鼠的子孙后代可存活 6 万只之多。化学农药毒杀不能全部消灭老鼠，却把天敌也大量毒死了。保护并增加天敌（猫、蛇等）是不可忽视的得力措施。

鼠雀主要在水稻播种立苗阶段造成危害，不仅摄食尚未出芽的稻种，还能使未及时扎根的幼芽倒根失水枯死，严重的会造成全田毁灭性损种。

预防鼠雀害最好是连片种植，分散鼠雀为害。

对于鼠害要主动出击，立足于常年灭鼠。鼠害严重田块，可使用安全无公害的灭鼠剂，必须在套播前 7 天左右，在套播田块及其周围几块田的田埂边特别是进出水口处，按要求投放毒饵，隔 2～3 天再补充一次，以求灭鼠于播前。更要强调种子包衣质量，提倡种子包衣材料中增加驱避剂，比如使用安全高效的包衣剂，或者用辛硫磷等有气味、不伤种芽的农药拌种。

对雀害严重田块，一是适当增加播种量；二是设法驱赶。

五、水肥运筹技术

125．超高茬麦（油）套稻肥料需求特点是什么

超高茬麦（油）套稻的共生套稻，其出芽立苗与幼苗生长处在三麦（油菜）植株下面，旱作、缺肥、少光照这种自然环境下培育的稻苗，一般共生期 20 天左右的让茬时苗龄为 2～3 叶期，正处于饥饿状态，急需速效养分供给。

超高茬麦（油）套稻前期苗小、分蘖启动慢，不宜盲目一次性施重肥。

在常规稻作“V”字施肥模式下，套稻穗型相对略小，所以，超高茬麦（油）套稻要注重中期攻大穗。

超高茬麦（油）套稻秸秆全量自然覆盖还田，后期可腐解三分之二以上。因此，后期水稻可得到全价的有机肥，为节省保花肥、提高稻米品质提供了可能。

126．超高茬麦（油）套稻高产肥料运筹策略是什么

超高茬麦（油）套稻高产肥料运筹策略为：总施肥量参考当地同品种高产栽培，并随着秸秆培肥，逐渐节减化肥。一般分蘖肥占全生育期总量的 70%，少吃多餐

分次施用；穗肥占 30%，促花为主。

127. 麦（油）套稻的第一次肥料如何施用

共生套稻的出芽立苗与幼苗生长是处在缺肥、缺水、少光照劣境中生长，让茬时处于离乳期；套直播稻播期较迟，稻苗也需要早发。又由于让茬后初始阶段的分蘖肥主要作用是迅速补充养分，因此，第一次以少量速效肥为佳。

麦收前 3 天左右，每亩撒施配方肥或复合肥 15 公斤作苗肥。油菜田可收割后撒施苗肥。

128. 为什么麦（油）套稻分蘖肥宜少吃多餐

超高茬麦（油）套稻特别是共生套稻的分蘖启动较迟，但延续期较长，且让茬后水稻的初期生长群体很小，吸肥有限，因此分蘖肥宜分次施用、少吃多餐，以免造成肥料的无效浪费甚至损伤稻苗。曾经试验：将水稻一生总量 60%的氮肥一次性施入让茬不久的套稻田内，田间发生死苗率高达 20%。一个月后测定稻株体内养分时发现，与平衡施肥的持平。

129. 为什么要重视麦（油）套稻中期水肥齐促

肥料运筹试验发现，拔节穗分化时重施氮，可被稻株充分吸收，其体内氮含量高，孕穗期单株绿叶面积也较大。这是因为套稻生长中后期根系健壮发达，吸肥能力强，加之这种耕作栽培方式土壤通透性特别好，十分有利于植株群体调控，抗倒抗病性增强。针对超高茬麦（油）套稻一般表现为株矮、穗型相对较小这一特点，需要改变氮肥运筹策略，即提高中期供肥水平。研究认为，株高与穗型之间呈极显著的正相关（r=0.903 4**），因此，一般情况下，超高茬麦（油）套稻中期只要群体不过量大，应以促为主。

130. 为什么麦（油）套稻后期可节省化学氮肥

按照理论分析，每亩还田 400 公斤秸秆，相当于施尿素 6 公斤、过磷酸钙 4.1 公斤、硫酸钾 9.2 公斤。如以当年稻作后期腐解三分之二计算，可在总施氮量 17.5 公斤的基础上节氮 10.5%。

研究了麦秸全量自然覆盖还田前提下的超高茬麦（油）套稻节氮可行性（总施氮量 17.5 公斤/亩，节氮区为 14.9 公斤/亩），从不同生育期植株体内全氮分析，分蘖期平衡施肥并且免用保花肥的（节氮 15%），直到抽穗期，植株体内全氮仍与全量“V”字施肥法的小区相似；对于成穗及穗型无影响；顶部三张叶片的面积节氮法为 96.36 平方厘米，与全量的“V”字法相差仅 1.13 平方厘米。

进一步试验认为，在每亩麦秸还田 400 公斤左右、大穗型粳稻品种总用氮量 17.5 公斤的情况下，节减化学氮肥用量 20%（即免用保花肥），对于生物学产量和经济产量无明显影响，且结实率提高 1.5 个百分点。无锡市示范应用认为，在亩产与常规水稻持平的情况下，麦秸全量还田当季可减少化学氮肥 16.3%，而且后茬套播的小麦生长明显好于对照田块。不同生态区示范点普遍反映，后茬小麦生长可以少用化学氮肥20%左右。

131. 超高茬麦（油）套稻水分需求特点是什么

全免耕和前茬保留的田间一套沟，使超高茬麦（油）套稻田块爽水性好，有利于水稻根系生长。但在沙土等地区及沟渠边，水分易渗漏。麦（油）套稻分蘖对水分的依赖性很大，分蘖阶段需浅水勤灌。研究表明，分蘖阶段经常断水的，比正常保持浅水层的减产 5.4%，高墩缺水处水稻几乎为独秆成穗。

超高茬麦（油）套稻中期需水肥齐促，以求保蘖争足穗攻大穗，以多穗多花创高产。

因成熟期相对于同期育秧移栽稻约迟 3 天，需谨防灌浆后期断水太早，要注意养老稻。

132. 麦（油）套稻分蘖期如何浅水勤灌

首先要搞好农田基本建设，使灌排设施配套。对于水分易流失田块，要以四周沟渠的水托住田内水。近沟渠边的，可在田埂内侧 1 米处再加做一条围埂，对于预防水分直接外渗有一定效果。对于易失水田块或地段，要配以适当增加播种量等措施，以密植求稳产高产更为主动。

133. 为什么麦（油）套稻不可以重搁田

首先，超高茬麦（油）套稻田块免耕，保留着前茬土体和作物根孔的自然状态，且无犁底层，田块爽水性强，田面一般都清水硬板、脚不陷泥，不存在像常规稻作反复耕、耙形成的泥糊状。因此，无须重搁田。

其次，超高茬麦（油）套稻高产栽培必须增加库容，即增加穗数和每穗粒数，其增加库容的关键时期是拔节穗分化始期，需要重施促花保蘖肥。而水是肥料供给的开关，一旦重搁田，爽水性强的套稻田面便很快失水，将明显影响水稻对肥料的吸收，抑制分蘖成穗，抑制颖花分化。

为此，麦（油）套稻中期搁田一定要轻搁、分次搁，切忌重搁田。

134. 麦（油）套稻灌浆结实期如何进行水浆管理

超高茬麦（油）套稻生育后期体内养分充足，吸水吸肥能力仍较强，直至成熟期单茎绿叶数仍有 2 张以上，有利于养老稻，提高结实率和千粒重。同时，因为超高茬麦（油）套稻通常比同期播种的常规稻迟熟 3 天左右，因此，结实期务必注意干湿交替，切忌断水太早，以充分发挥麦（油）套稻优质高产潜力。

附 录

技术论证与推广建议影印件

超高茬麦田套稻技术专家现场观摩评议意见

1999年10月16日，江苏里下河地区农科所和姜堰市农业局、科委联合邀请省内外有关作物耕作、栽培、环保、土肥、科研管理等方面的专家考察超高茬麦田套稻技术。专家们现场考察了姜堰市超高茬麦田套稻示范田，听取了有关应用介绍和审阅了有关资料，经评议，提出意见如下：

一、现场测产１４个点（品种武运粳８号），平均每亩有效穗22．2万，亩总颖花量2355.4万，每穗实粒102.1粒，结实率96.2%，以千粒重28克计算理论亩产638公斤，高产田达762.2公斤。与相邻常规栽培稻田相比，一般可增产５%左右。同时经今年结实期阴雨和13号、14号台风考验，表现抗倒，并经检查，纹枯病发生比对照田块明显减轻。

二、超高茬麦田套稻技术经多年研究和５年应用实践，技术措施基本配套，解决了“苗难全、草难除”的技术难题，做到了一播全苗，建立了以化除为主要手段的综合性灭草技术体系，收到了增产增效的显著效果。同时研制了配套技术产品：轻型稻田灭草剂、除草药肥、种子包衣剂等。该技术已具备了示范推广的条件。

三、超高茬麦田套稻，做到了麦秸全量自然还田，杜绝了麦秸焚烧，保护了生态环境，是发展可持续农业的稻作技术革新，适应农业增效、农民增收迫切需求。建议相关部门加大示范力度，首先在稻麦两熟地区的机场、高速公路、铁路附近及城市近郊推广；同时，建议政府和科技管理部门加大资助力度，有关科研单位与各地应用部门加强协作，进一步深化理论研究，并制定技术标准，形成与各地特点相适应的技术模式。

专家组 组长 朱庆森 副组长 邵达三

1999年10月16日于姜堰

四、查新结论

国内外有关麦田套播稻的研究，已见有文献报道。二十世纪六十年代，日本自然农法家福冈正信针对现代农法污染重，能耗多等问题，进行麦田套播稻的栽培实践。他最初采取的是麦行间直播，即 11 月下旬以后，稻麦同时直播，由于秋季低温，稻子不发芽，为了防止水稻发芽不整齐，需对水稻种子进行包衣。但由于对早春杂草、第一代螟虫为害及出苗不齐等一系列问题，无法控制，后改为水直播。二十世纪七十年代，北京农科院在进行水稻旱种时，对麦稻套种进行了试验，提出了（1）水稻要用早熟耐阴品种，（2）套种水稻不易齐苗，应增加播种量 2-3 倍。（3）套种前浅松土，小麦抽剑叶时浸种于麦行间，并覆土。（4）麦收时留茬高 16cm 左右，不使苗骤然裸露。1977 年，山东省水稻研究所在省内面临连续干旱，水稻种植面积下降的情况下，开展了麦田套播水稻的试验，提出两种播种方法：（1）机械化早播。早播不需浸种，可在小麦起身前，用 24 行水稻播种机播种。（2）晚播。一般在 4 月下旬至 5 月中旬播种，播种前应进行泥水或盐水选种。邓超凡等 1982 年采用后一种播种方式，并就鲁粳 1 号品种的不同基本苗群体的套播稻构成进行了分析，研究认为麦田套种水稻，播种虽较插秧早，但前期苗弱，麦收后缓苗期长，有效分蘖缩短，因此争取足够的基本苗和有效穗数，提高结实率，是夺高产的基础，但由于麦套稻立苗困难，麦收后水管理不当，易造成成苗率大幅度下降。1989-1991 年陈后庆等在小麦灌浆期直接套种浸种 2 天的水稻种子的方法，对麦套稻进行了研究，试验表明稻麦共生期 30 天条件下，套播稻产量低于移栽稻。1990-1993 年陈新华等对套播稻也进行了研究，指出可在麦田、油菜田适时套播水稻种子，保持田间沟系，稻麦共生期为 20-25 天，每亩适宜的基本苗数为 10±2 万。

综上所述，目前除该项目成员发表的有关“超高茬麦田套稻”论文外，尚未见国内外其他学者发表有关此方面的文献报道。

查新人（签字）：[illegible]　　技术职务：助研

审核人（签字）：[illegible]　　技术职务：副研

查新单位（签章）：

20[illegible]年8月2日

鉴 定 意 见

2001年12月31 日，江苏省环境保护厅主持，邀请有关专家，对江苏里下河地区农业科学研究所主持的麦秸全量自然还田稻作（超高茬麦田套稻）新技术进行鉴定。专家们听取了课题组关于项目研究报告，查阅了有关资料，经过评议，鉴定意见如下：

一、秸秆全量自然还田稻作（超高茬麦田套稻）新技术历经多年研究，完成了合同规定的内容和要求。经不同生态区的示范和应用，实现了麦田套播水稻与机收秸秆全量自然覆盖还田相结合的应用。该技术具有独创性，新颖性。技术成熟，简便易行，深受农民欢迎，并在2000年审定通过了江苏省地方技术标准（DB32/T423-2001）。2001年初江苏省质量技术监督局正式颁布实施以来，有力地推动了在大面积上推广应用。

二、麦秸全量自然还田稻作（超高茬麦田套稻）新技术有效地解决了秸秆焚烧污染环境的难题，特别在机场附近、公路沿线杜绝秸秆焚烧，效果尤为显著。有利于水土保持、生态平衡；有利于秸秆全量还田土壤持续培肥、发展优质无公害生产。该技术在稻麦两熟地区具有广阔的应用前景。

三、该项技术经多年省内外示范应用证明，有利于农民节本增收。一般每亩可节省用工2- 4个，增加收入100-150元。取得了明显的社会、经济、生态效益。

综上所述，该项技术是栽培技术和耕作制度的创新，省工节本，有效地解决了秸秆焚烧带来的环境污染，有利于农业有机废弃物的资源化利用和农业可持续发展。

该项研究通过栽培、耕作技术的创新，解决了多熟制地区秸秆全量还田和焚烧秸秆污染环境的难题，居国际先进。

建议扩大示范推广，并对杂草防除及土壤理化性状演变作更深入的定点试验研究。

鉴定委员会主任：邢廷三 副主任：徐南昌 黄丕生

2001年12月31日

鉴定委员会专家测试报告

麦秸全量自然还田稻作（超高茬麦田套稻）新技术，经研究人员十多年系统研究，并在省内外不同生态区广泛开展示范再研究，连续多年由省内外耕作、栽培、植保、土肥、环保等方面的专家现场观摩测试，认为：

超高茬麦田套稻实现了与机收相适应的秸秆全量自然还田，解决了目前普遍存在的由麦秸焚烧造成的资源浪费、环境污染问题，省工节本，环境、经济、社会效益明显，具有较强的适用性。麦秸全量自然还田的数量高达400公斤左右，不仅能补充稻作土壤有机碳消耗（500公斤水稻消耗有机碳相当于秸秆200公斤左右），更有利于土壤有机质积累和生态平衡。

超高茬麦田套稻的群体，亩穗数多、单位面积颖花量大，白根数多、根系活力强，单茎绿叶数多、光合能力强，结实期干物质积累量大、单位面积产量与人工移栽稻无明显差异：

1997年10月10日专家现场测产武育粳3号每亩有效穗24.8-31万，每穗实粒71-88粒，千粒重28.8克（比相邻同品种同播期的移栽稻高1.1克），单产600公斤以上，典型田块超过650公斤，与育苗移栽稻产量持平或增产6%左右。成熟期单茎仍保持3张左右绿叶数，比移栽稻多2张左右。

1998年9月20日专家现场测产，高产田块（品种为9516）产量可达750公斤。

1999年10月16日专家现场测产14个点（品种武运粳8号），平均每亩有效穗22.2万，亩总颖花量2355.4万，每穗实粒102.1粒，结实率96.2%，千粒重28克，亩产638公斤，高产田达762.2公斤，与相邻常规栽培稻田相比，一般可增产5%左右。同时经当年结实期阴雨和13号、14号台风考验，表现抗倒，纹枯病比对照田块明显减轻。

超高茬麦田套稻是特殊的直播稻作，可选用生育期较长的水稻品种，既充分利用了农业自然资源，有利于发挥其增产潜力，又缓解了三夏大忙劳力紧张之矛盾，是轻型稻作栽培新技术。每亩省工3个左右，节本20%-30%，节省的秧田面积折成每亩大田0.14亩，即每亩可增收小麦40-50公斤。

超高茬麦田套稻主要关键技术已经配套。实现了与机收相配套的秸秆全量自然覆盖还田；套播稻田速灌速排、种子包衣、适当增加播量等措施，解决了全苗匀苗难题；配套的杂草综合防除措施和专用除草剂，有效地控制了草害；针对套播稻生育特点，进行相应的水肥及病虫防治等田间管理，2000年底制定了江苏省地方标准，为扩大应用奠定了技术基础。科技部专家论证认为："技术成熟，简便易行，成本低，在南方稻麦产区很有推广价值"。

超高茬麦田套稻是模拟自然界杂草一岁一枯荣的新种植法，其特点是遵循基础自然观的哲理，充分运用和发挥自然资源优势，在种植业生产中免去人为的繁琐和无为的劳动，科学地总结和重新认识种植业的传统工艺，为现代农业的持续发展和集约化生产的形成闯开了一条新路，如大面积秸秆还田，多熟制季节潜力，生产技术优化增效，农田生态的良性循环等等，都隐藏着很大的潜在生产力，是耕作栽培体系的一项全新改革，是传统农业理论的现代发展。对资源利用、培肥土壤、社会安全及减轻环境污染，都有重大意义。该技术的推广，符合农业结构调整的现实需求，将带来我国21世纪稻作上的一项重大技术革新，是可持续农业创新技术，在我国稻麦两熟地区具有广阔的应用前景。

因该研究内容涉及到耕作、栽培、种子、植保、生态、环保等诸多学科，需有关部门在加大已成熟技术成果转化应用的同时，进一步在各学科理论深化研究方面协同攻关。

测试组长：[手写签名] 签字 成员：[手写签名]

超高茬麦田套稻示范方

产量验收报告

由江苏省农科院组织有关专家，于2006年10月25日对江苏里下河地区农科所等单位负责实施的超高茬麦田套稻宝应县泾河镇张北村247亩示范方，进行实产验收，验收报告如下：

一、验收方法：

1、田块的确定与收获

该示范方由四个自然片组成，各片产量水平不一，每片随机抽取一块田，另由项目组指定一块高产田，共计5块田，用久保田半喂入式收割机实收面积一亩以上的产量。

2、收获面积丈量

采取四边丈量，以对边平均值的乘积为实收面积。实收面积的边长为两个边穴的直线距离加20cm。

3、湿谷计量及其取样

由收割机收割的稻谷袋集中在田边地头过磅，扣除袋重，为湿谷产量。每块田在10个左右的收割袋中，每袋抽取100-150g稻谷构成1个样本，平行取2个样品，用于测定含水率和含杂率。样品用塑料袋双层扎封，以免水分散失。

4、水分和杂质测定

1份交由扬州市国家第一粮库测定，另1份留扬州大学农学院备用。

二、产量结果

田块农户名称	实收面积（亩）	湿谷总重（kg）	每亩湿谷重（kg）	含水率（%）	杂质率（%）	按粮食进仓标准的产量（亩）
徐猛余	1.297	1099.25	847.53	33.6	0.54	658.2
徐青来	1.226	1093.50	891.92	32.8	0.46	701.0
夏立华	1.550	1241.95	801.26	33.1	0.47	627.0
王金彪	1.311	1000.75	763.65	30.5	0.41	620.7
加权平均						657.9
指定高产田	1.028	890.5	866.25	35.4	0.40	654.5

注：实测收割损失率在1.4%-1.9%之间，未计在产量内；徐猛余等4个农户所在的自然片占全示范方的面积比为3：3：3：1。

验收专家组组长：朱立圳 副组长：郝建和

验收日期：2006年10月25日

超高茬麦田套稻
现场实产验收专家组

2006年10月25日

姓名	工作单位	职称/职务	专家组	签名
朱文珊	中国农业大学	教授	组长	
郑建初	江苏省农科院	研究员/副院长	副组长	
刘巽浩	中国农业大学	教授	成员	
高旺盛	中国农业大学	教授/处长	成员	
张卫建	南京农业大学	教授/所长	成员	
李荣刚	江苏省农林厅	高级农艺师/副站长	成员	
朱庆森	扬州大学	教授	成员	
陈留根	江苏省农科院	研究员/主任	成员	

超高茬麦套稻（徐稻3号）示范田实产验收产量

实收地点	户名或田号	实收面积（亩）	湿谷总重（Kg）	每亩湿谷重（Kg）	含水率（%）	含杂率（%）	按粮食进仓标准的产量（Kg/亩）
张北村	东北九号田	1.808	1367.6	756.411	28.5	0.5	632.6
张北村	西北4号田	2.152	1581.1	734.578	27.0	0.4	624.2
张北村	西南5号田	1.632	1223	749.556	27.3	0.6	637.3
张北村	东南2号田	1.457	1074.8	737.302	24.5	0.5	651.1
张北村	东北5号田	1.889	1367.4	723.874	23.5	0.3	647.7
泾河村[3]	王元奎	2.539	1860.85	732.907	30.1	0.5	599.0
泾河村[3]	赵怀喜	3.628	2560.1	705.56	29.5	1.0	581.9

表注：1. 7块田实收稻谷的杂质率在0.3%~1.0%之间，均不超过1.0%，根据国家粮食（稻谷）标准，实产中不再扣除杂质，不足1.0%的实产中也不补为1.0%杂质率。

2. 机收损失不计入产量。

3. 根据示范点的田间档案，张北村示范田均为5月18日播种，前茬小麦6月6日收割；泾河村示范田6月3日播种，前茬小麦6月5日收割。

验收组组长 朱祚森

验收组副组长 黄丕生

2008年11月13日

江苏省人民政府参事室

苏参字[2007]9号　　　　签发人：赵奇僧

关于“借鉴扬州经验，做好超高茬麦田套稻技术推广工作”的建议

省政府：

省政府参事赵铨、黄为一、徐元明和省政府参事室主任赵奇僧提出了《关于“借鉴扬州经验，做好超高茬麦田套稻技术推广工作”的建议》。现呈上，请领导审示。

〇〇七年四月十六日

主题词：农业　超高茬麦田套稻技术△　推广　建议

江苏省人民政府参事室　　　　2007年4月16日印发

国务院参事刘坚扬州现场调研实录

（2009年8月8日）

[在去现场途中]

刘坚（国务院参事，原农业部副部长、国务院扶贫办主任）：这几年农业的年年增产，中央采取的强农惠农政策，最得力的就是种粮补贴、良种补贴、农资综合补贴、农机补贴，充分调动了农民种粮的积极性。但是，农业基础设施投入的减少，农业科技投入的不足，仍是个问题。

这项技术（指"超高茬麦（油）套稻技术"）秸秆还田，配套的免耕技术，改善了土壤的物理性状和化学性状，解决了这个问题，相对来讲，省工、节本，减少了一些化肥的投入，改变了生态环境，还有社会效益。这一点，我想不会有太多争议。关键是会不会减产？为什么不减产？有个颠覆性的理论，上午我跟扬州市农科院马谈斌院长讲了，纪市长，你们可能没有注意到，这个理论认为，水稻苗期在比较恶劣的环境，对筛选优良植株有利。土壤理化性状改变使植株健壮是一个方面。过去，我们在读书时讲，无论是棉花还是水稻，都是苗期要给它个非常有利的条件。而这个理论认为不一定要给它非常有利的条件，把弱势的东西筛除了，留下来的是最健壮的。说得简单一点，为什么老红军留下来的八九十岁还那么健壮？我楼下住了一位九十六岁高龄的老红军，身体好得很。他告诉我，过去爬雪山过草地，不少人并不是被敌人打死的，而是身体坚持不了倒下的。现在你们从经验角度看，麦套稻它能暴发性地生长，如植株生长对比、分蘖性、生长量对比。这项技术要从生理生化角度研究，比如光合强度等，是不是通过优胜劣汰？

顾克礼（扬州市农科院研究员）：日本福冈正信以水稻与小麦同时秋播，他认为稻种与人一样，有强弱之分，可通过冬季恶劣环境，自然淘汰弱者，保留强壮苗，这对我们是个启发。套稻苗植株健壮第二个原因是免耕加套播，生态条件有利于根系健壮，比麦后直播稻延长营养生长期至少 7 天以上。江苏现在水稻 3 000 多万亩中有三分之一以上即千万亩为麦后直播稻，完全否定它是不科学的，但盲目发展到苏北地区有风险。现在江苏自主创新进一步配套了两种套稻模式，可有助于解决这个矛盾，也有助于解决杂草稻（红米稻）难题。

刘坚：技术优势是明显的，第一，秸秆还田；第二，免耕改变土壤理化性状；第三，减少用工、机械和各种化学品投入，减少了成本；第四，有利于生态环境保护。但大家关心的是不是减产？搞得好，综合因素作用可以增产。这样讲，是不是科学一点？

顾克礼：2006 年中国农业大学刘巽浩先生一行专家专程到扬州，在宝应县泾河镇张北村三星组现场调研与随机实产验收，不含机收落地稻谷，平均亩产 657.9 公斤，高产田达到 701 公斤。

刘坚：我与刘巽浩共过事，他曾经是农业部专家组成员。他很直爽，挺好的。

顾克礼：刘先生讲了几个观点，一是看一项技术是否成熟，能不能推广，要看它的总体；二是不回避矛盾，不要怕学术争论，是好事；三是技术要不断创新。我一直记着他的话。也记着扬州市主抓这项技术推广的纪市长说过的一句话，有问题不要紧，关键是要向农民讲清楚，他就不容易出问题。最近，原农业部副部长路明教授到江苏姜堰，在考察麦套稻的田头，他说，免耕套播田块，秸秆在田面腐解，与耕翻到土层中腐解相比，可以解决甲烷气体排放问题，因为，甲烷产生的温室效应是二氧化碳的 30 倍左右。此外，麦套稻秸秆全量覆盖还田，由于稻苗根在下面，秸秆在上面腐解不会对根的生长产生不良影响。

刘坚：国外很多资料讲了，甲烷的温室效应超过二氧化碳。

顾克礼：超高茬麦（油）套稻技术是扬州、江苏、我国的自主创新，与 20 世纪 70 年代先进的日韩机插稻相比，有几点优势：一是节省能源，每亩省机械耕作柴油、汽油 2 公斤以上。二是农民容易接受秸秆自然覆盖还田。三是更省工节本。机插稻比手栽稻每亩节本 80 元左右，麦油套稻每亩可节本 150 元左右。四是出米率高，米质好。

刘坚：机插仍属于石油农业。

顾克礼：这项研究很有意义，因为涉及耕作、栽培、种子、植保、生态、环保等各个学科，比过去引进日本旱育秧技术内容丰富。

[在高邮市周巷镇双沟村孟刘组]

纪春明（扬州市副市长）：麦套稻最主要是没有植伤，秧苗健壮挺拔。

郭万胜（高邮市农业局副局长、推广研究员）：（介绍推广情况与高产田特点）。

张秀美（扬州市农业局副局长、推广研究员）：这块麦套稻群体长到位了，可望达到28万穗，有超高产长势长相。

刘坚：米质怎么样？

郭万胜：稻米加工企业就要这种稻作方式的稻谷。麦套稻低风险、效果显著，农民易接受。（介绍如何解决技术“三关”）。

刘坚：免耕配套技术的水稻根，因为没有犁底层，扎根应该不会差。这方田应用几年了？过去免耕研究是3年翻地一次，解决免耕田杂草问题。去年实产多少？化肥施用水平？肥料运筹怎么调整的？

郭万胜：已应用3年，去年产量接近700公斤。今年这方田估计亩产量可以达到700～750公斤，现在达到了高产绿叶数与节间数相等。总施纯氮18～20公斤。

张秀美：保花肥不要用了。

刘坚：看着很健壮。我们听听老百姓的意见怎么样？（走向路边）你们说，这项技术好不好？关键是你们的意见。

在场十多位农民：好！

刘坚：好在什么地方？老顾向我讲了好多次了，我想来看看，听听你们的意见，好在什么地方？

一妇女：省工、省钱、秸秆还田。一把种子朝田里一撒，人快活了。这位80岁的老人他种了7亩田，一个人都没有叫去帮忙，你说省钱不省钱？

刘坚：你们说第一省工，第二省钱，第三秸秆还田，还蛮顺口的。是不是少治虫？

农民：也少治虫，才治了两三次虫。草一打（指杂草化除），田里就干净了。我们遇到问题就打电话给镇上农技员，他是随叫随到。

刘坚：农药是不是集中使用？

农民：我们是按照农技员技术要求做，治虫也是按要求，我们自己打药。

刘坚：种子是不是要多点？

农民：我们一般每亩十二三斤种子，要播匀。

刘坚：产量怎么样？

农民：产量高。

刘坚：至少不比以前常规种稻产量低吧？

农民：只有比它高。它种子下田下得早。也省秧田。只要田里草打得好，用工量不大。

刘坚：是不是这么几句话：省工、省钱、秸秆还田，产量还高。

纪春明：还有改良土壤。

刘坚：那我就放心了。

农民：这个技术开始像荒田，麦收20多天后，就好看了。心不能慌。

袁其林（高邮市周巷镇农技站长）：这项技术好学，农民好掌握。2007年我们应国务院扶贫办项目负责人的要求，选派了3名60岁左右的实践农民，到河南范县、舞钢市和固始县分别指导一个百亩方，也获得成功。

刘坚：这是我们要求的。

顾克礼：他们为贫困地区科技扶贫作了贡献，各个服务点都送来锦旗。

陈扬（扬州市副市长、高邮市委书记，分别时握着袁其林的手）：老百姓夸你好，我也要夸你好。谢谢你！

[在周巷千亩示范片]

刘坚：政府想的东西，要与老百姓想到一起。

纪春明：老百姓如果不认可一项技术，政府再推也推不下去。看这里麦套稻也长得清秀、健壮。

刘坚：苗长得是很清秀。

[在宝应县泾河镇张北村三星组庄台]

刘坚：你们说这项技术好不好？

十多位农民：好！

刘坚：好在什么地方？

农民：省工节本200多块钱。间接的还有外出打工增加收入。

纪春明：一个人可以种多少田？

农民：我们这里有种十几亩的，外地有大户麦套稻种200亩的。

刘坚：产量低不低？

农民：产量不低，还高。

刘坚：你们说为什么产量不低？

农民：密度高，穗数多。到田里看看就知道了。

刘坚：好的，就按你说的，我们到田里去看看。

[在三星组田头]

刘坚（观看田头牌《连续六年麦套稻》，对顾克礼）：要研究多年应用对土壤有机质、土壤氮磷钾养分的影响。过去江苏练湖农场搞过免耕试验，对免耕做过长期研究。

顾克礼：我们在农科院也做过多年定位试验，已发表学术论文。

刘坚：最长应用几年？

纪春明：江都二姜已连续十多年麦套稻了。

顾克礼：这个点上示范了三种不同方式的秸秆全量还田：这是机械切碎散铺的，这是整秸秆散铺的，这是埋墒沟的。

刘坚：几种方法中哪个方法最好？

顾克礼：如果麦产量比较高，埋一部分到墒沟；如果麦产量400公斤以下，切碎散铺最好。

高步顺（宝应县泾河镇分管农业副镇长）：（介绍全镇2004年至今应用情况）。

刘坚：示范方谁指导？是不是过去的农技站？有多少人？文化程度？他们的报酬怎么解决的？每月报酬是多少？村里有没有农技员？

高步顺：（一一解答。）

张坚勇（江苏省农林厅副厅长）：农业技术人员是分工包片服务。包村定户列入农技人员考核内容。

高步顺：技术问题在我们这里已有解决办法，如红米稻、杂草问题。

刘坚：现在解决杂草是筛选除草剂。这里已连续套稻五六年，种麦也套种吗？

顾克礼：目前这里种麦是旋耕。

刘坚：这也是一种轮耕。过去研究免耕田一般是三年轮耕一次。在肥料运筹上与常规有没有变化？

姜启顺（宝应县作栽站站长、高级农艺师）：肥料比例由过去的6∶4调整为7∶3。

张秀美：后期秸秆腐烂可以不施保花肥。

刘坚：稻苗长得非常清秀的。

张坚勇：麦收以后我来看过，秸秆腐解水像酱油一样的，是肥水。

刘坚：问问老百姓吧。（对在场十多位农民）我听听你们的意见。你们说这个办法好不好？

十多位农民：这个肯定好！

刘坚：好在什么地方？

一抱婴儿妇女：第一个就是不栽秧。

刘坚：不栽秧，主要是妇女同志解放了。

妇女：第二个，像我一个人带个孩子，老公在外挣钱，大忙不需要回家，我一个人就能把十几亩田种下去。我们搞这个技术好几年了，杂草杂稻也好搞，用不了多少工除草、去杂、补苗。少量草下田拔拔，我今年十几亩田一起只用了两三个工。

刘坚：播种省事，不栽秧省事，就是施施肥、打打药水。要打几次药？

妇女：去年打的次数多。今年少了，才打了三四次。是按上面技术部门要求。

刘坚：这要求我们植保部门研究，能不能少打药。当然，这与老顾无关（指与麦（油）套稻技术无关），是植保部门的事。施肥几次？

农民：大田施肥我们用得偏多，跟栽秧大田相差不多。老顾要求我们减少施肥。我们少施肥的田块，长得还不丑。

刘坚：产量怎么样？

农民：产量高，实事求是说，稻长得好。

刘坚（场头遇其他农民）：你们觉得办法好不好？

农民：好！

刘坚：好在什么地方？

农民：省工、省钱、产量高。不像过去栽秧着急，现在不需要喊人栽秧，不需要一天出几十块钱给人家。男同志出去打工，女同志一个人在家忙就行了。

刘坚：挺好。

[在返回的车上]

刘坚：我们讨论一下。

张坚勇：麦套稻与机插比，产量不减，秸秆还田百分之百。

刘坚：老百姓讲这个技术省工、省 200 块钱、产量不减、土质好。我原来担心的就是会不会减产，现场看起来它不减产。打药次数多了，不能怪这个技术，植保部门要研究怎么少用药。

张坚勇：除草剂多一点。

纪春明：就是红米稻要及时拔掉。

刘坚：老纪，红米稻厉害不厉害？

纪春明：不重视的田块厉害。红米稻多的就是多花两个工拔一下。总的用工少。

刘坚：你们看，80 岁老人也讲好，妇女也讲接受。

纪春明：我们真正作为主推技术，老百姓掌握也不难。技术要点稍微去指导一下，很容易推广。扬州 2002 年只有 1 万多亩，2003 年我听顾克礼宣传后，要求市农林局集中精力抓，当时局长是单启宁。采取办培训班，乡镇一条线抓。沃土工程，现在不少是口号喊。老百姓不养猪了，有机肥从哪里来？秸秆好好的有机质被烧了，污染环境。秸秆综合利用技术，我就是赞成麦套稻。

张坚勇：纪市长是坚决的。今年我们省厅也作为秸秆禁烧主推技术，在全省布了点。

纪春明：我向黄省长推介后，黄省长也到江都二姜看过。我是坚定不移推广它。不能把技术推广过程中一些需要解决的问题就全盘否定。要看到它是问题，它是一个可以解决的问题，是一个不难解决的问题，是一个不需要花很多成本就能解决的问题。我也两次参加过在扬州举办的精确定量栽培和高产创建会议，觉得不要肯定一项技术，就否定其他技术。我前几年提出，三五年告别手栽秧，一是主推机插秧，二是麦套稻。麦套稻作为秸秆全量还田，是一条有效途径，我们应该去做。现在推广的，都是认真对待的，不是一说了之的。

张坚勇：最终是老百姓接受、认可，其他都是假的。

纪春明：我也不是听顾克礼讲的就推广，我是花精力狠抓培训。我表态，培训由市里拿钱，每亩一块钱，这几年每年都在 50 万 ~ 80 万块钱。这是花的小钱。比机械还田省油、省补贴费用。机械还田省里每亩补 10 块钱，这项技术只要一半钱就行了。张厅长如果每亩补贴麦套稻 5 块钱，我们扬州就能更大面积推广。

刘坚：我们现在土壤有机质在下降。

纪春明：建议把这项技术列为沃土工程项目。我去年在中央组织部的“现代农业与节能减排”培训班上也作了介绍，引起各省参训的地市级农业市长们的高度关注。

关于推广超高茬麦田套稻技术的几点建议

姜永荣

超高茬麦田套稻技术，经过几年多点试验，已经获得了成功。省农林厅组织试点乡镇农业技术干部，再次进行现场考察，很有必要。今年6月21日，我在姜堰市院子村看了近300亩的现场，9月26日，又再次来到院子村，感到这项技术值得认真总结并加大推广力度。可以肯定，这项技术既是栽培技术的革新，又是耕作制度的创新；既省工节本，又可减少麦茬烧毁带来的环境污染；既可防止资源浪费，又可逐年增加土壤中的有机质含量，达到改良土壤之目的。为此建议：

一是要认真总结。既要总结这项技术的成功之处，诸如上面列举的几大好处，要进行定量的分析，拿出令人信服的数据，也要分析它的不足之处，并在今后实践中不断加以改进。

二是要继续扩大试点。要在不同地区、不同土壤、

* 本文作者时任江苏省人民政府副省长。

不同品种等方面进行多点试验，以便取得更多的第一手资料，为加快推广创造成功的条件。

三是要组织现场观摩。既要组织农业技术人员现场考察，又要组织种植大户和规模生产的农场进行现场观摩，让他们既直观地看到这项技术的成功之处，又能学到相关的技术。

总之，这项技术应当加大宣传、推广的力度，各级农林部门应认真抓一抓。

2001 年 9 月 26 日

关于“借鉴扬州经验，做好超高茬麦田套稻技术推广工作”的建议

赵奇僧　黄为一　徐元明　赵　铨

眼看夏收夏种季节即将来临，秸秆禁烧等工作已时不我待。建议各地因地制宜采取多种措施推动秸秆的综合利用，其中包括我省借鉴国际上“自然农法”，但有自主创新的超高茬麦田套稻技术（以下简称“麦套稻”）的推广。该技术经十多年的实践，已相当成熟，并已标准化。它具有“秸秆不再烧，秧田不需要，种田不弯腰，省工又省料，稳产高产利环保，出米率高口味好”等优点。在扬州，由于书记、市长的重视，农业、水利等部门的通力协作，广大农技人员的精心服务，去年推广面积达到 47 万亩，今年预计可达 60 多万亩；在姜堰、泰兴等地应用面积累计也有数万亩。通过与推广、应用该技术的基层农技人员和农民的座谈，我们深感其集社会效益、经济效益、环境效益于一身的特点十分难能可贵。尽管这项技术深受农民的欢迎，得到农业部、国家环保

* 本文作者时任江苏省人民政府参事。

总局、国务院扶贫办和兄弟省市的重视，可是在我省除在扬州等地得到大面积推广外，其他地区尚未普遍应用。究其原因，一是因为对麦套稻有“杂草多、红米稻多、条纹叶枯病高发”等争论，有关领导吃不准、下不了决心（其实杂草、红米稻等问题都已有很好的解决办法；至于条纹叶枯病，这几年在大江南北普遍高发，原因并不在于麦套稻，受灾最重的也不是麦套稻，许多地方的实践表明麦套稻的抗病性、耐涝性等还优于常规栽培稻）。二是由于行政大力推广的是机插秧，个别地区行政领导甚至对麦套稻采取排斥的态度，农民是听政府的，那些地方麦套稻面积趋于减少也不足为奇。为使这项技术得到客观、公正、权威的评价，不至于“墙内开花墙外香”，能更多地造福于我省“三农”、贡献于我省环保，也为了使这项技术进一步得到完善（任何新生事物都不可能十全十美。麦套稻技术肯定也还有需要进一步完善的地方），建议：

一、由省政府办公厅或省农林厅领导出面尽快分片召开一些座谈会，邀请对该技术有实践经验的农民和科技带头人以及分管农业的领导、农业行政主管部门领导和农技人员参加，倾听该项技术的实践者的声音、了解该技术的发展情况，以澄清是非、解惑释疑。

二、组织各市、县在有条件的地方（可优先在秸秆禁烧区内）建设若干麦套稻的“示范方”，同时在经费（必要时可设立风险基金）、技术培训和服务（可引导组织专业合作社）等方面予以必要的支持，以解除农民的后顾之忧。

三、有关领导蹲点跟踪扬州和上述“示范方”麦套稻的情况，用严格的、科学的方法组织麦套稻与常规栽培技术的比对，及时召开现场会、总结经验，研究存在问题及解决办法，以利于该技术的进一步的推广和发展。

2007 年 4 月 10 日

江苏省农业行政部门领导讲话摘要

吴沛良（时任江苏省农林厅副厅长，现任江苏省农委主任）：这次会议与会者都是干实事的，领导十分重视。会议开得很及时，会后正是组织各地农民看示范点的好时机。我去年在同样一个地方看了三次，前期确实很难看（秸秆全部覆盖在田面上，让茬初期的稻苗又黄又瘦）；但中期大大改观，稻苗健壮，分蘖多；后期再去看，秆青籽黄产量高，农民和村干都很高兴。

要及时汇报，争取单位与地方政府的重视。从秋播开始，就要落实下一年面积。要抓紧组织现场观摩活动，当地有的就在当地看，当地没有的，要组织到其他示范点上看。农民是眼见为实。也要请行政领导去看看，局长和分管县长都要请去看看，要争取他们的支持。要搞好试验示范点总结，对照技术标准，查一下技术措施到位率，并结合当地特点，明确哪些是需要改进和配套研究的，提出下一年试验示范计划方案。要引导农民，配套技术跟上去。好技术要有好方法，使技术落实到位。要抓一块成一块，失误影响不好。这项技术看起来简单，但技术性很强。

大面积推广要进一步提高试验示范组织化程度。省市县乡（镇）各级农业部门，至少有一个副局长专门分管这一工作。现在已有了这项优质、省工、节本的好技术，需要加大推广力度。省作栽站要与扬州市农科所及各地建立协作组，开展有计划的活动。要考虑如何做领导的工作，领导重视了，作物栽培部门无权、无钱的矛盾就好解决，如这项技术用在有关机场附近，找到了一条解决秸秆焚烧的好办法，相信他们是愿意拿钱推广这项技术的。作物栽培部门要为三方面对象服务：一是做领导的参谋，要与领导思路相吻合，比如禁烧秸秆问题，提高农民收入问题等；二是为企业服务，与产业化开发对接，比如抓农产品质量，需要稳定的原料生产基地等；三是为农民服务，农民愿意的是开展技术承包服务，但大多数是无偿服务，这就需争取政府支持。

进一步加强试验研究深度。新技术必定有不完善之处。这项技术在国内是领先的，但仍有改进之处，比如化除剂与方法的变化，麦田草少了，稻田就好办，使农民更容易操作。科学无止境，比如免耕几年后，土壤的变化如何，仍要研究。协作组要拿出方案。

加大推广力度。首先要宣传，使人们知道有这个技术，并且培训到位，讲清难点，明确如何解决。要培植典型，比如培植有积极性和有说服力的种田大户。还要争取各方面的经费投入。

这项技术有三个方面好的基础：一是有技术基础。技术是过硬的。只要落实到位，没有多大风险；二是有群众基础。凡搞过的农民都能接受。农民关心的是增收，这项技术仅节省的机耕费和育秧、插秧费用，就能使农民动心了。省工、省力、省机耕费，产量又不减，这就是有生命力的；三是有领导基础。国家秸秆禁烧有文件，省领导又重视，加大推广力度到时候了。我们农林厅徐厅长一直在抓这项工作。

现在关于秸秆禁烧的办法是有的，但真正为大多数农民接受的不多。比如气化需要大量投资，秸秆处理量又小；秸秆过腹还田需要当地有养牛的习惯；微生物速腐菌处理很烦琐、费工，农民不接受。而这项技术很省事，农民容易学，愿接受，不要国家、农民花多大的投入，只要培训到位。

要从实践“三个代表”的高度来认识这项技术的推广。即使每亩节省50元，对农民也是不小的收入。税费改革也不过是给农民增加了几十元的收入。抓好这项技术的推广是功德无量的。（2001年9月27日在全省超高茬麦（油）套稻现场会上讲话摘要）

张坚勇（江苏省农委副主任）：全省麦套稻秸秆还田现场会在宝应县泾河镇看了一个点。不开现场会没有感性认识。我在这个点前后看过4次，还有其他许多点。一项新技术要普及，就要不断扩大布点，这是推广中要注意的问题。2006年6月我来看时，全田都是草，要到草下面找苗。我问当地一位60多岁的男农民：“你看到这种田不紧张吗？”他说：“前期是草、后期是稻，我们已搞过两年了。”这说明有个自然接受的过程。刚才在现场会上我们看到泾河路边的许多老人和妇女，他们都能对这项技术说出一套。这项技术研究的专家孜孜不倦，为了这项技术研究，从黑头发变成了白头发，对事业的追求执著。这几年争议多、压力还比较大。比如，往往很多人将麦套稻与直播稻等同起来看。我提出，作为套稻的理论基础，至少比直播稻拉伸了生长期 7 天到半个月以上，而直播稻缩短了生长期，再加上管理粗放而减产。从政府、农业行政部门的角度，粮食安全是至关重要的。就这次会议，我提出以下意见：

第一，要提高认识，高度重视麦套稻技术的作用。超高茬麦（油）套稻是一项综合技术，有共生套稻，也有生育期短的品种不共生的，实现了粮食生产的优质高产高效安全可持续。一是要重视麦套稻在秸秆还田中的作用。这项技术在扬州、泰州已应用了 10 多年，实践证明是解决秸秆问题的好方法之一，套稻秸秆还田有三种方式，为我们农业部门提供了新的秸秆综合利用途径。二是重视在节能减排中的作用。据《新华社高管信息 江苏领导参考》调查分析，按这种技术路线种稻，每亩可节省 2.5 公斤左右柴油、汽油，减排二氧化碳 800 公斤以上，低碳环保作用十分明显。三是重视在农民节本增收中的作用。现在种田成本增加，比如机插今年栽插费比去年增加了二三十块钱，加上粮食价格提升很少，而柴油、机耕费等成本是大幅度的涨。这项技术与现行育秧移栽和抛秧技术相比，省工、省时、省力、省机械能耗，节本 20%～30%，有利于整村推进农民增收。

第二，要加大工作力度，进一步拓展示范面。麦套稻是在初步解决了全苗、杂草和杂稻防控等难题后获得成功的，并被列为科技部和农业部联合推荐的秸秆综合利用的首选技术。目前我省主要在里下河的扬州、泰州推广面积大。现场会后，各市要结合秸秆利用，大力推广这项技术，要行政部门加速推广。推广中要注意几个问题：一是要注重针对生产中出现的问题继续研究，加快技术熟化。如：要研究怎么样通过干干湿湿、湿润灌溉，防止秸秆还田早期大量腐解水外流到田外；研究共生套稻麦田灌溉期间缺水怎么办；研究如何实现超高产栽培等。杂草稻（红米稻）问题也要进一步研究攻关（听说已有初步研究解决办法）。要形成规范成熟的推广模式。二是要注重进一步示范，不仅在里下河地区，还要在其他地区，通过示范带动，由点到面推广。三是注重宣传培训，通过多种形式推广，营造推广氛围。要对农民培训，让农民全面了解、自觉接受这项技术，才能真正达到推广的目的。负责培训的相关部门，要将这项技术列入培训计划，那就不要推广部门再拿钱培训了。我总感到，这项技术的培训最重要，特别是生长前期，草长得比稻苗高的时候，要让农民通过培训了解到这点。还要组织农技员深入一线指导。（2011 年 6 月 14 日在全省麦套稻秸秆还田现场会上讲话摘要）

江苏省地方标准

超高茬麦田套稻技术规程（DB32/T 423—2005）
（注：共生麦套稻）

1 范围

本规程规定了超高茬麦田套稻技术的术语和定义、田块选择、播种、麦秸还田、稻田灌溉、施肥、病虫草及红米稻防除。

本规程适用于沿江及里下河稻麦两熟地区的超高茬麦田套稻，其他地区可参照执行。

2 术语和定义

下列术语和定义适用于本规程。

2.1 麦田套稻 rice interplanted in wheat fields

在三麦灌浆中后期，将处理后的稻种套播于麦田地表的稻作方式。

2.2 超高茬 supper-high straw stumps

收麦时麦秸留茬 20～30 cm。

2.3 红米稻 red pericarp rice

一种株型松散、分蘖性及落粒性强、糙米皮色微紫红的野生性籼型杂稻。多见于免少耕稻作田块。

3 田块选择

3.1 选择田面平整、灌排方便、杂草少、未用绿（甲）磺隆等除草剂的麦田。

3.2 不应选择杂交稻或红米稻落地而未耕翻种麦的田块。

3.3 不宜作水稻原种繁殖田。

4 播种

4.1 品种

当地主推品种中生育期适宜的常规稻品种。

4.2 套播期

参照应用品种在当地常规半旱育秧播种期，一般为5月中旬。温光条件适宜地区最迟可麦收前套播。

4.3 基本苗与播种量

4.3.1 按照水稻亩产 550～650 kg/667 m^2 指标，基本苗 4 万～8 万/667 m^2。

4.3.2 播种量 5～7 kg/667 m^2。

4.4 浸种

4.4.1 药剂浸种与当地常规育秧相同。

4.4.2 种子达 80%以上破胸露白，不催芽。

4.5 包衣

4.5.1 泥团包衣

4.5.1.1 种子与黏稠泥、干细土包衣材料比例为 1∶0.5∶2。

4.5.1.2 将破胸稻种与黏稠泥拌和。

4.5.1.3 掺入干细土，揉成颗粒状。

4.5.2　种衣剂包衣

有条件的，可以应用对破胸稻种无害的种衣剂包衣。

4.6　播种方法

4.6.1　人工播种时，按畦称种、均匀撒播。

4.6.2　弥雾机播种时，破胸种子免包衣，适度晾干后喷播。

4.6.3　田头地角适当增加播种量，作备用苗。

4.7　麦田灌溉（麦收前套播的除外）

4.7.1　播种当天傍晚灌水，速灌淹没畦面；速排确保第 2d 日出前墒沟不积水。

4.7.2　播种后 3d 表土发白偏干的田块，傍晚补洇一次水。

4.8　移苗补缺

麦收后 20～25d，田间超过 33cm 直径的空白塘，就近移密补缺。采用薄水带泥抛补的方法。

5　麦秸还田

5.1　收麦时留茬 20～30cm。

5.2　机收后当天，麦秸就地均匀散铺，或就近埋入墒沟。

6　稻田灌溉

6.1　麦收后当天立即灌水，保持田面湿润 3～5d，后转入薄水层促分蘖。

6.2　达穗数苗 90%时（大穗型品种 18 万～20 万、穗粒并重型品种 22 万～24 万），分次轻搁田。

6.3　穗分化期间隙灌溉。

6.4　灌浆结实期干湿交替，以湿为主。成熟前 7d 左右看田灌好最后一次水。

7 施肥

7.1 施肥量

总施氮量 14～16kg/667m^2。N∶P_2O_5∶K_2O 比例为 1∶0.5∶0.5。

7.2 肥料运筹

7.2.1 分蘖肥与穗肥比例 7∶3。

7.2.2 分蘖肥一般分 3 次施用。

7.2.2.1 麦收后第 2d，施速效氮肥，用量占总氮量的 20%。

7.2.2.2 麦收后 10d，施总氮量 30%，磷钾肥 70%。

7.2.2.3 麦收后 20d，施总氮量 20%。分蘖期长期低温阴雨急转高温曝晴时，要节氮增钾。

7.2.3 叶龄余数 3.5 叶时，施促花肥，用量占总施肥量的 30%。

8 病虫草及红米稻防除

8.1 病虫防治参照当年当地植保部门要求。注意麦收前 5～7d，用 80%敌敌畏 EC 250～300mL/667m^2 拌毒土，大田熏蒸消灭灰飞虱。

8.2 杂草防除

8.2.1 化学除草参照附录 A。

8.2.2 辅助措施

8.2.2.1 搞好麦田杂草防除。

8.2.2.2 精选稻种，清除草种。

8.2.2.3 化学除草后 7～10d，人工辅助拔草。

8.3 红米稻防除

8.3.1 套播前麦田已见大量红米稻出苗的，中止套播，轮换一季耕翻稻作。

8.3.2 麦收后发现残存红米稻出苗植株，分蘖初期及早拔除。

8.3.3 有红米稻落地的田块，秋播种麦时耕翻掩埋。

油菜田套稻技术规程（DB32/T 921—2006）
（注：共生油套稻）

1 范围

本规程规定了油菜田套稻的术语和定义、田块选择、播种、秸秆还田、稻田灌溉、施肥和病虫草鼠及红米稻防除等技术。

本规程适用于稻油两熟制地区。

2 术语和定义

下列术语和定义适用于本规程。

2.1 油菜田套稻 rice interplanted in rape fields

在油菜结角中后期，将处理后的稻种散播到油菜田地表的种稻技术。

2.2 红米稻 red pericarp rice

一种株型松散、分蘖性及落粒性强、糙米皮色微紫红的野生性籼型杂稻。多见于免少耕稻作田块。

3 田块选择

3.1 田面平整，灌排方便，畦宽 3 m 左右。

3.2 残留杂草少。油菜田化除禁用胺苯磺隆系列除草剂。

3.3 上年杂交稻或红米稻落地的田块，种植油菜前需表土翻埋 10～15 cm。

3.4 不宜作水稻原种繁殖田。

4 播种

4.1 品种

当地推广的水稻品种均可应用，以穗粒并重型和大穗型品种最适宜。

4.2 套播期

与应用品种在当地常规露地育秧最适播种期相同或略迟。

4.3 基本苗与播种量

4.3.1 常规稻每亩基本苗 3 万～5 万/667 m^2，杂交稻 2 万/667 m^2 左右。

4.3.2 常规稻每亩播种量 4～5 kg/667 m^2，杂交稻 1.5 kg/667 m^2 左右。

4.4 浸种

4.4.1 药剂浸种与当地常规育秧相同。

4.4.2 种子达 80%左右破胸露白、不催芽。

4.5 包衣

4.5.1 泥团包衣

4.5.1.1 稻种与河泥、干细土包衣材料比例为 1∶0.5∶2。

4.5.1.2 将破胸稻种先与河泥拌和，再加入干细土搓揉，使稻种分散。

4.5.1.3 过筛形成颗粒状。

4.5.2 种衣剂包衣

有条件的，可以应用对破胸稻种无害的种衣剂包衣。

4.6 播种方法

4.6.1 按畦称种、均匀撒播。

4.6.2 田头地角适当增加播种量作备用苗。

4.7 油菜田灌溉

4.7.1 播种当天傍晚灌水，速灌淹没畦面；速排确保第 2 d 日出前墒沟不积水。

4.7.2 播种后第 3 d 表土发白偏干的田块，傍晚补洇一次水。

4.8 移苗补缺

油菜收后第 20 d 左右，对田间超过 33 cm 直径的缺苗空白塘，就近移密补缺。采用薄水带泥抛补的方法。

5 秸秆还田

5.1 人工收割油菜时，可以留高茬。脱粒后的菜秆籽壳返回田间，均匀散铺或埋入墒沟。

5.2 机收油菜时，留茬 20～30 cm，脱粒后的秸秆立即、就地、均匀散铺。

6 稻田灌溉

6.1 油菜收后立即灌水，保持田面湿润 5 d 左右，后转入薄水层促分蘖。

6.2 达穗数苗时分次轻搁田。

6.3 穗分化阶段间隙灌溉。

6.4 灌浆结实期干湿交替，以湿为主。成熟前 10 d 左右看田灌好最后一次水。

7 施肥

7.1 施肥量

总施肥量比当地同品种常规移栽稻节减 10%～20%。N、P_2O_5、K_2O 比例为 1∶0.3∶0.3。

7.2 肥料运筹

7.2.1 分蘖肥与穗肥比例 7∶3。

7.2.2 分蘖肥一般分 3 次施用。油菜收后 3 d 内追施第一次速效氮肥，用量占总氮量的15%；间隔7～10d施氮25%，加施磷钾肥；封杀化除后施氮 30%。分蘖期长期低温阴雨急转高温曝晴时，要节氮增钾。

7.2.3 穗肥主要用于促花，施用适期为叶龄余数3.5叶前后。

8 病虫草鼠及红米稻防除

8.1 病虫防治

参照当年当地植保部门要求。重点注意药剂浸种、3叶期治虫及穗期病虫综合防治。

8.2 杂草防除

8.2.1 化学防除采用“一封杀、二挑治”的方法（参照附录A）。

8.2.1.1 封杀化除采用安全高效的广谱性除草剂。

8.2.1.2 挑治化除针对不同草相地段对症用药。

8.2.2 辅助措施

8.2.2.1 搞好油菜田杂草防除。

8.2.2.2 精选稻种，清除草种。

8.2.2.3 化学防除后7～10d辅助拔草。

8.3 鼠害防除

鼠害严重地区，在水稻套播前7～10d做好田间灭鼠工作。

8.4 红米稻防除

8.4.1 避免自留稻种，确保种源无红米稻。

8.4.2 秋种油菜前发现有红米稻落地的田块，必须将表土翻埋到10～15cm耕层中。

8.4.3 油菜收后发现残存红米稻出苗植株，水稻分蘖期及早清除，杜绝抽穗结实。

套直播稻栽培技术规程（DB32/T 1643—2010）

（注：零共生期麦（油）套稻）

1 范围

本规程规定了套直播稻的术语和定义、田块选择、播种、秸秆还田、稻田灌溉、施肥和病虫草及杂草稻（红米稻）防除等技术。

本规程适用于江苏省稻麦（油）两熟制地区。

2 术语和定义

下列术语和定义适用于本规程。

2.1 套直播稻 direct seeding rice within 3 days before wheat harvested

在麦油收获前 1～3 d，将处理后的稻种散播到三麦（油菜）田地表的种稻技术。

2.2 杂草稻 weedyrice

一种株型松散、分蘖性及落粒性强、糙米皮色微紫红的野生性杂稻，由种子带进田间或上一年落地越冬自生，类似杂草一样影响正常水稻的生长，生产上又叫红米稻（red pericarp rice），免少耕稻作田块容易发生。

3 田块选择

3.1 田面平整，灌排方便。

麦田化除禁用氯磺隆和甲磺隆，油菜田化除禁用胺苯磺隆系列除草剂。

4 播种

4.1 品种

当地推广的可直播栽培安全齐穗的粳稻品种均可应用，以穗粒并重型和大穗型品种最适宜。

4.2 套播期

麦（油）收前1～3天。

4.3 基本苗与播种量

4.3.1 常规粳稻基本苗7万～8万/667 m^2，杂交粳稻2万～3万/667 m^2。

4.3.2 常规粳稻播种量4～5kg/667 m^2，杂交粳稻2kg左右/667 m^2。

4.4 种子药剂处理

4.4.1 未包衣种药剂浸种24h，或播前药剂拌种。

4.4.2 包衣种干籽播种。

4.5 播种方法

4.5.1 采用人工撒播或弥雾机喷播方法。

4.5.2 按畦称种、均匀散播。

4.5.3 田头地角适当增加播种量，作为备用苗。

5 秸秆还田

5.1 前茬三麦（油菜）机械收割或人工收割。

5.2 机收脱粒后的麦秸就地均匀散铺或就近埋入墒沟，无墒沟田块可选用条带还田，注意清理搞好田头地角。

5.3 油菜收割脱粒后的秸秆可埋入墒沟，菜壳散铺田面还田。

6 稻田灌溉

6.1 前茬让茬后即可灌水。田间浸种48h水稻破胸后，保持湿润扎根出苗，3 叶期开始建立薄水层促分蘖。

6.2　达穗数苗时分次轻搁田。

6.3　穗分化阶段间隙灌溉。

6.4　灌浆结实期干湿交替，以湿为主。成熟前 10d 左右根据田间湿度，确定灌好最后一次水。

7　移苗补缺

前茬让茬后 20d 左右，对田间超过 30cm 直径的缺苗空白塘，就近移密补缺。

8　施肥

8.1　施肥量

根据目标产量进行测土配方施肥。总施氮量比当地同品种移栽稻节减 15%～20%。

8.2　肥料运筹

8.2.1　分蘖肥与穗肥比例 7∶3。

8.2.2　分蘖肥一般分 3 次施用。分蘖期长期低温阴雨急转高温晴天时，要增施钾肥。

8.2.3　穗肥主要用于促花，施用适期为倒 4 叶期。

9　病虫草害及杂草稻防除

9.1　病虫防治

参照当年当地植保部门要求。重点注意药剂浸种、3 叶期治虫及穗期病虫综合防治。

9.2　杂草防除

9.2.1　化学防除采用“一封杀、二挑治”的方法（参照附录 A）。

9.2.1.1　封杀采用安全高效的广谱性除草剂。

9.2.1.2　挑治针对不同草相对症用药。

9.2.2　辅助措施

9.2.2.1　搞好前茬杂草防除。

9.2.2.2　化学防除后7～10d辅助人工拔草。

10　杂草稻防除

10.1　避免自留稻种，确保种源无杂草稻。

10.2　上年杂草稻落地严重的田块，采用前茬耕翻灭除或诱发化除方法。

10.2.1　前茬耕翻灭除：前茬麦（油）种植前，将秋收落地的杂草稻耕翻到表土10cm以下的耕层中，抑制其第二年自生萌芽。

10.2.2　诱发化除：在前茬收获前20～30d，如天气干旱、田间土壤湿度小，采取傍晚灌水、速灌速排办法，诱发杂草稻早发芽出苗。前茬让茬后先将秸秆埋入墒沟，立即喷用灭生性除草剂“草甘膦”。参考药剂与用量为：“农达”（41%草甘膦）200mL/667 m^2。

10.3　人工辅助清除、结合杂草化除后的人工辅助拔草，将残存的杂草稻苗同时清除。

附 录 A
（资料性附录）
超高茬麦（油）套稻化学除草

A.1 封杀化学除草

A.1.1 选用水稻苗期可应用的除草剂。参考除草剂如下。

36%二氯苄 75 g 左右/667 m^2。

A.1.2 使用方法

先将药剂稀释至 1000 mL，再兑水 30～40 kg/667 m^2，充分搅拌后喷雾。

A.1.3 要求

A.1.3.1 稻苗 3 叶以上。

A.1.3.2 喷药前田面湿润。

A.1.3.3 晴天叶面露水干后全田均匀喷雾，杂草严重地段可等量重复。

A.1.3.4 隔 1 d 建薄水层 3 d 以上。不可淹没水稻心叶。

A.2 挑治化学除草

A.2.1 在封杀化学除草的基础上，针对不同田块或地段残留杂草及后发杂草草相，对症选用除草剂挑治。

A.2.2 参考除草剂

A.2.2.1 稗草

6.9%噁唑禾草灵 50 mL/667 m^2 加 50%二氯喹啉酸 40～50 g/667 m^2。

A.2.2.2 千金子

6.9%噁唑禾草灵 40～50 mL/667 m^2。

A.2.2.3 莎草和阔叶草

10%吡嘧磺隆 20～30 g/667 m^2 或 13% 2 甲 4 氯 400 mL 左右/667 m^2。

A.2.2.4 空心莲子草（水花生）

13% 2 甲 4 氯 400～500 mL/667 m^2 或 20%氟草定 20 mL/667 m^2 加 13% 2 甲 4 氯 300 mL/667 m^2。

A.2.3 使用方法

先将药剂稀释至 1000 mL，再兑水 30～40 kg/667 m^2，充分搅拌、混匀后，见草细喷雾。

A.2.4 要求

A.2.4.1 用药适期为稻苗 5 叶后至拔节前。

A.2.4.2 选择晴天、不闷热的天气。

A.2.4.3 按照田块实际有草面积用药，严禁加大药量。

A.2.4.4 喷药前田间湿润无积水，喷药时杂草全株喷透，喷药后 6 h 内无雨。

A.2.4.5 隔 1 d 建浅水层，保水 5 d 后正常水浆管理。

超高茬麦（油）套稻技术标准明白纸（共生套稻）

[适用于：稻麦（油）两熟水源充分地区，特别是无杂稻自生的田块]

一、前茬要求

田块较平整，灌排方便。无杂稻（红米稻或杂交二代）落地自生，前茬无草害。麦田未用绿磺隆或甲磺隆除草剂，油菜田未用胺苯磺隆除草剂。

二、水稻套播要点

品种：当地推广品种一般皆可应用，大穗型和穗粒并重型的抗病品种更利于高产、超高产。

套播期：以该品种在当地常规露地育秧最佳时间为参考。如常规中粳苏中播期 5 月 15 日左右，杂交中籼为 5 月 10 日左右，水稻与麦（油）共生期一般为 15～25 天。

播种量：常规中粳稻麦田套播一般每亩 6 公斤左右，漏水田块可增加 1～1.5 公斤，低洼地、油菜田减少 1～1.5 公斤。杂交稻每亩 2 公斤左右。

浸种要求：提前 3 天浸种（低温需提前 4 天），日浸夜露，确保播种时 80%左右种子破胸露白无根芽。严格搞好药剂浸种。

播种程序：及早备足每亩15公斤过筛干细土，播前1天备好种子堆量三分之一的黏稠泥。播种当天，先将稠泥与破胸稻种拌和（如沙泥可先加入少量面粉；有条件的可少量添加“旱育保姆”包衣剂），再加入干细土揉成颗粒状，筛去多余细土。必须按畦称种、均匀撒播，田头地角适当增加播量作为备用苗。无鼠雀害地区大面积农场可免去包衣，破胸稻种淋干水后，用喷粉状态的弥雾机均匀喷播。

速灌速排：播后当天傍晚田间灌水，浸没田面后速排，确保第2天上午田沟无积水（爽水田块可保水一夜后速排）。播后3天田面干燥的，可以傍晚湿润田面促全苗。遇持续高温干旱特殊年景，发现套播稻苗中午卷叶的，最迟可在前茬收割7天前傍晚速灌速排，既有利于保苗，也有利于防止三麦高温逼熟，增加千粒重。

撒施苗肥：麦收前3天左右，每亩撒施配方肥或复合肥15公斤作苗肥。如当年灰飞虱大发生，可肥料中加入敌敌畏每亩0.25～0.3公斤（先与1.5公斤左右干细土拌匀，然后拌入肥料中），选择晴好天气，连片熏治灰飞虱。油菜田可收割后撒施苗肥。

三、秸秆覆盖还田三种方式

前茬可人工或机械收割。机收留茬高度20～30厘米。

套稻麦秸全量自然覆盖还田三种方式：方式一，留茬收割后的麦秸就地散开（适用于麦秸400公斤以下的田块）。方式二，留茬收割后的麦秸就地散开加就近埋入墒沟（适用于麦秸400公斤以上的田块）。方式三，留茬收割后的麦秸自然条带（适用于种粮大户和农场、无墒沟的地区，要求使用可形成秸秆条带状的收割机如新疆2号等）。

前茬油菜脱粒后的菜壳均匀散铺套稻田面。

四、麦（油）收割后 30 天作业要点

收割后：收割后立即灌薄水，保湿润 5～7 天，可有效避免稻苗干枯或水层中秸秆埋没倒地的稻苗。稻苗竖立后逐步建立薄水层促分蘖。

结合建立薄水层，每亩施脲铵 10～15 公斤或尿素 7.5 公斤左右（杂交稻少施，下同）。

收割后 15 天左右——封杀化除：[时期]水稻叶龄 3 叶以上；薄水层时全田稻苗心叶露出。[用药品种]套播稻专供“苄·二氯”。[用药数量]每亩 75～100 克。[用药方法与要求]田面湿润，晴好天气露水干后，先将除草剂与少量水稀释，再兑水搅拌后细喷雾。手动喷雾器每亩兑水 3 桶、弥雾机兑水 1 桶半（杂草严重地段可重复喷）。喷后隔 1 天建立薄水层。[注意点]不得淹没水稻心叶、缺水补水 3 天。

收割后 20 天左右：每亩追施尿素 10～12.5 公斤。

化除后 7～10 天对漏喷的少量杂草和半死的大草人工拔除，就近埋入墒沟作肥料。

如常规中粳稻田间发现类似杂交籼稻的红米稻苗（特征：稻苗较高、叶龄较大、叶色较淡、拔起可见粒型略长、谷壳内残存紫黑色种皮），杂交稻田内发现杂交二代苗（稻苗较高、分蘖较早），务必同时彻底清除。

对于杂草特别严重的田块或地段，针对不同杂草，使用不同的除草剂，折实面积用药挑治。主要杂草推荐药剂及每亩药量：高龄千金子——6.9%噁唑禾草灵 40 毫升。高龄稗草——6.9%噁唑

禾草灵 50 毫升加套播稻专供苄·二氯 50 克。三棱草、阔叶草——10%吡嘧磺隆 30 克或 13% 2 甲 4 氯 400 毫升。各类杂草混生——噁唑禾草灵 50 毫升加套播稻专供苄·二氯 50 克加 10%吡嘧磺隆 20 克或 13% 2 甲 4 氯 300 毫升。[注意点]稻苗必须 5 叶以上；田面湿润；选择当天晴好无雨、不闷热的天气；露水干后细喷雾；按实面积用足药液每亩 2～3 桶（必须手动喷雾器见草喷雾）；药后隔 1 天务必灌水；保持 5 天浅水层（短暂落黄为正常）；挑治化除后 7～10 天，及时清除遗漏杂草和半死的大草，就近埋入墒沟。

收割后 25 天左右：对超过面盆大小的空白塘，就近移密补缺。方法：人工拔取或锹铲带泥稻苗，抛向空白塘（注意田间为脚印水）。

病虫防治：根据当年当地农技部门要求及时防治。

五、中后期田间管理

肥料：对生长量不足的田块或地段，在有效分蘖终止期前（苏中粳稻一般为 7 月上旬），每亩尿素 2.5～3.5 公斤补施黄塘肥。穗肥用于促花保蘖，苏中粳稻一般于 7 月下旬每亩施尿素 7.5～10 公斤。因水稻生长后期秸秆基本腐解可供肥，原则上不施保花肥。

水浆管理：达穗数苗后分次露田、切忌重搁田；穗分化阶段间隙灌溉，前水不清，后水不进；打“破口药”保持水层；灌浆结实期干干湿湿，以湿为主。该稻作典型特征之一是后期根系活力强、绿色叶片多，适宜养老稻夺高产并提高米质，因此要适当推迟收割（苏中地区现行推广的粳稻品种 10 月下旬至 11 月初收割为宜），注意收割前 10 天无雨水时，灌好最后一次水。

病虫防治：根据当年当地农技部门要求及时防治。

超高茬麦（油）套稻技术标准明白纸（套直播稻）

［特别适用于：直播稻地区及其上年杂稻（红米稻或杂交二代）落地多的田块］

一、前茬要求

较平整，灌排方便。麦田未用绿磺隆或甲磺隆除草剂，油菜田未用胺苯磺隆除草剂。上年种植杂交稻或红米稻落地多的田块，麦（油）收割前20～30天诱发其自生出齐苗（如春季干旱则麦田浇灌水1次）。

二、水稻套播要点

麦（油）收割前1～3天套播。选择适合当地耐迟播、确保安全齐穗的大穗型或穗粒并重型品种。常规中粳稻一般每亩播种量4～5公斤，杂交稻每亩1.75～2公斤。

套播前1～2天药剂浸种，种子有无破胸露白皆可。套播时，可泥团包衣或“旱育保姆”包衣后人工撒播；也可在无鼠雀害的连片套稻地区免去包衣，药剂浸种后的稻种淋干水，用喷粉状态的弥雾机喷播。必须按畦称种、均匀散播，田头地角适当增加播种量，预留备用苗。

每亩撒施配方肥或45%复合肥15公斤左右作种肥。

三、秸秆覆盖还田三方式

前茬收割可人工或机收。机收留茬高度20～30厘米。

套稻麦秸全量自然覆盖还田三种方式：方式一，留茬收割后的麦秸就地散开（适用于麦秸 400 公斤以下且无杂稻落地自生的田块）。方式二，留茬收割后的麦秸就近埋入墒沟（适用于麦秸 400 公斤以上及杂稻诱发齐苗化除的田块）。方式三，留茬收割后的麦秸自然条带（适用于种粮大户和农场、无墒沟的地区，使用可形成秸秆条带状的收割机如新疆 2 号等）。

前茬油菜脱粒后的菜壳，在杂稻灭生化除后，均匀散铺套稻田面。

四、麦（油）收割后 30 天作业要点

收割后当天最迟第 2 天杂稻灭生化除：需要灭生化除的杂稻严重田块，除留茬外，其余秸秆全部埋入墒沟，确保杂稻苗全部接触到喷雾药液（套直播稻尚未现青，不会产生药害）；立即抢晴用“41%草甘膦”每亩 200 毫升兑水 30 公斤以上细喷雾（每喷雾器中加入一小匙洗衣粉可增加杂稻叶面黏着性）。

杂稻灭生化除后第 2 天灌水，田间浸种 48 小时稻种破胸后，务必确保田面无积水，保持湿润 5～7 天，促进破胸稻种出芽扎根立苗。2 叶期逐步建立薄水层促分蘖。

结合建立薄水层，每亩施脲铵 10～15 公斤或尿素 7.5 公斤左右（杂交稻少施，下同）。

收割后 15 天左右——封杀化除：[时期]水稻叶龄 3 叶以上；薄水层时全田稻苗心叶露出。[用药品种]套播稻专供“苄·二氯”。

[用药数量]每亩 75 克左右。[用药方法与要求]田面湿润，晴好天气露水干后，先将除草剂与少量水稀释，再兑水搅拌后细喷雾。手动喷雾器每亩兑水 3 桶、弥雾机兑水 1 桶半（杂草严重地段可重复喷）。喷后隔 1 天建立薄水层。[注意点]不得淹没水稻心叶、缺水补水 3 天。

收割后 20 天左右：每亩追施尿素 10～12.5 公斤。

化除后 7～10 天对漏喷的少量杂草和半死的大草人工拔除，就近埋入墒沟作肥料。

如常规中粳稻田间发现类似杂交籼稻的红米稻苗（特征：稻苗较高、叶龄较大、叶色较淡、拔起可见粒型略长、谷壳内残存紫黑色种皮），杂交稻田内发现杂交二代苗（稻苗较高、分蘖较早），务必同时彻底清除。

对于杂草特别严重的田块或地段，针对不同杂草，使用不同的除草剂，折实面积用药挑治。主要杂草推荐药剂及每亩药量：高龄千金子——6.9%噁唑禾草灵 40 毫升。高龄稗草——6.9%噁唑禾草灵 50 毫升加套播稻专供苄•二氯 50 克。三棱草、阔叶草——10%吡嘧磺隆 30 克或 13% 2 甲 4 氯 400 毫升。各类杂草混生——噁唑禾草灵 50 毫升加套播稻专供苄•二氯 50 克加 10%吡嘧磺隆 20 克或 13% 2 甲 4 氯 300 毫升。[注意点]稻苗必须 5 叶以上；田面湿润；选择当天晴好无雨、不闷热的天气；露水干后细喷雾；按实面积用足药液每亩 2～3 桶（必须手动喷雾器见草喷雾）；药后隔 1 天务必灌水；保持 5 天浅水层（短暂落黄为正常）；挑治化除后 7～10 天，及时清除遗漏杂草和半死的大草，就近埋入墒沟。

收割后 25 天左右：对超过面盆大小的空白塘，就近移密补缺。方法：人工拔取或锹铲带泥稻苗，抛向空白塘（注意田间为脚印水）。

病虫防治：根据当年当地农技部门要求及时防治。

五、中后期田间管理

肥料：对生长量不足的田块或地段，在有效分蘖终止期前（苏中粳稻一般为7月上旬），每亩尿素2.5～3.5公斤补施黄塘肥。穗肥用于促花保蘖，苏中粳稻一般于7月下旬每亩施尿素7.5～10公斤。因水稻生长后期秸秆基本腐解可供肥，原则上不施保花肥。

水浆管理：达穗数苗后分次露田、切忌重搁田；穗分化阶段间隙灌溉，前水不清，后水不进；打“破口药”保持水层；灌浆结实期干干湿湿，以湿为主。该稻作典型特征之一是后期根系活力强、绿色叶片多，适宜养老稻夺高产并提高米质，因此要适当推迟收割（苏中地区现行推广的粳稻品种10月下旬至11月初收割为宜），注意收割前10天无雨水时，灌好最后一次水。

病虫防治：根据当年当地农技部门要求及时防治。

参考文献

[1] 顾克礼．立足单株高密植，主攻足穗夺高产．种子世界，1985（12）．

[2] 黄细喜，顾克礼．按自然农法实施的稻麦种植体系．耕作与栽培，1987（1）．

[3] 赵强基，等．常规单季稻单株群体的高产高效性．江苏农业学报，1987（3）．

[4] [日]福冈正信．自然农法．黄细喜，顾克礼，译．哈尔滨：黑龙江人民出版社，1987.

[5] 江荣昌，等．化学除草技术手册．上海：上海科学技术出版社，1989.

[6] [日]来米速水．世界自然农法．黄细喜，顾克礼，译．北京：中国环境科学出版社，1990.

[7] [日]西尾道德．新型土壤管理．黄细喜，顾克礼，译．南京：东南大学出版社，1991.

[8] [日]宫坂昭．水稻直播栽培．黄细喜，顾克礼，译．南京：东南大学出版社，1991.

[9] 王鹤云，等．麦茬机械水直播稻高产栽培．南京：江苏科学技术出版社，1991.

[10] 张尔俊．中国实用生态农业．北京：团结出版社，1991.

[11] 唐洪元，等．除草剂应用技术．北京：中国农业科技出版社，1992.

[12] 樊宝洪，等．麦套稻的生育特点与高产栽培技术初探．江苏农业科学，1996（1）．

[13] 顾克礼，等．轻型稻田高龄杂草化除药剂研究与推广．垦殖与稻作，1996（3）．

[14] 凌启鸿．关于水稻轻简栽培问题的探讨．江苏作物通讯，1997（3）．

[15] 顾克礼，等．超高茬麦套稻生育特性及其高产配套技术．扬州科技，1997（2）．

[16] 蒋植宝，等．麦套稻高产栽培技术的研究与实践．农业与技术，1997（3）．

[17] 顾克礼，等．高茬麦套稻生育期与叶片生长．作物杂志，1997（4）．

[18] 顾克礼．超高茬麦套稻立苗特点及全苗匀苗技术．耕作与栽培，1997，5.

[19] 顾克礼，等．超高茬麦套稻高产栽培技术．上海农业科技，1998（1～6）．

[20] 蒋植宝，等．几种不同方式的水稻轻型栽培技术经济评价．农业技术经济，1998（1）．

[21] 陆善庆，等．轻型农艺杂草发生与防治．上海：上海科学技术文献出版社，1998.

[22] 任元，等．超高茬麦田套稻高产高效实用技术．四川农业科技，1999（6）．

[23] 段文燕，等．高产高效栽培新技术——超高茬麦田套稻试验示范．农业与技术，1999（4）．

[24] 郭勋斌，等. 高茬麦田套稻是农业可持续发展的有效途径. 中国农学通报，1999（增刊）.

[25] 上海市嘉定农技中心. 麦套稻杂草发生与防除技术初步研究，1999（12）.

[26] 蒋植宝，等. 麦套稻田麦秸全量还田方法. 江苏农业，2000（2）.

[27] 陆永进，等. 麦田套稻不同留茬高度对水稻生长的影响. 江苏农业，2001（4）.

[28] 徐德利，等. 麦田超高茬套稻生育特性及配套栽培技术. 江苏农业，2001（4）.

[29] 毕彦辉，等. 淮北麦套稻高产高效栽培探索. 江苏农业，2001（4）.

[30] 詹存钰，等. 超高茬麦田套稻技术在农业生态建设中的应用. 江苏农业，2001（4）.

[31] 顾克礼. 示范、服务、保障：促进成果转化三要素. 农业科研经济管理，2001（1）.

[32] 顾克礼. 农业科技成果转化的几点思考. 华东农业发展研究，2001（增刊）.

[33] 张银贵，等. 超高茬麦套稻田杂草发生特点及防除. 杂草科学，2001（4）.

[34] 李保成，等. 超高茬油套稻高产栽培技术的成功探索. 江苏农业，2001（6）.

[35] 丹阳市农林局. 超高茬麦套稻的生育特点及高产配套技术，2001.

[36] 张才银，等. 稻麦“双套”对土壤耕层理化性状的影响初报. 江苏农业，2002.

[37] 顾克礼，蒋植宝，叶新华. 麦秸还田麦田套稻新技术研究//刘巽浩，等. 秸秆还田的机理与技术模式. 北京：中国农业出版社，2001：158-168.

[38] 顾克礼. 水稻的生态栽培//路明. 现代生态农业. 北京：中国农业出版社，2002：100-117.

[39] 倪文海，蒋雪勤. 超高茬麦套稻栽培技术探讨. 上海农业科技，2002（2）：53.

[40] 郦玉树，孙明珍，等. 超高茬麦套稻省工节本高产栽培技术. 农业装备技术，2002（2）：19.

[41] 张永泰，谢云峰，等. 超高茬麦田套稻高产配套栽培技术探讨. 江苏农业科学，2002（2）：9-12.

[42] 徐汝琦，张军，等. 超高茬麦田套稻栽培研究进展. 世界农业，2002（4）：33-35.

[43] 朱明华，丁祖军，等. 麦套稻田杂草发生规律与防治技术. 杂草科学，2002（4）：8-11.

[44] 滕宏飞，周康才，等. 超高茬麦套稻高产栽培技术的初步探索. 南京农专学报，2002，18（4）：35-37.

[45] 谢正荣，黄晓燕，沈小妹，等. 超高茬麦套稻栽培技术模式研究初报. 上海农业学报，2003，19（1）：19-22.

[46] 徐国臣，焦维成，周振元，等. 高沙土地区超高茬麦套稻高产高效栽培技术. 作物杂志，2003（1）：45-46.
[47] 杨力，俞勇权，等. 超高茬麦套稻高效生产机理及其技术初探. 江苏农业科学，2003（2）：7-9.
[48] 王兴芳，温义章，袁其林，等. 农民脱贫增收新技术——超高茬麦田套稻. 农业与技术，2003，23（2）：59-60，63.
[49] 郁祖良，孙广仲，黄传高，等. 超高茬麦套稻示范田选择“十忌”. 中国农技推广，2003（3）：36.
[50] 王力扬. 超高茬麦田套稻秸秆还田耕作方式的配套技术. 耕作与栽培，2003（4）：4-5.
[51] 杜永林，黄银忠. 秋熟作物无公害优势高效生产技术专题之三——超高茬麦套稻技术. 农家致富，2003（8）：15-16.
[52] 顾克礼. 优质稻超高茬麦田套稻栽培技术//农业部种植业司，全国农技中心. 水稻优质高产栽培及加工技术培训教材. 2004：238-270.
[53] 焦骏森，蔡建华，张瑞伶，等. 麦套稻田杂草发生与防除技术研究. 杂草科学，2004（1）：16-17.
[54] 张家宏，王守红，顾克礼，等. 超高茬麦套稻田杂草发生特点、成因及化除策略. 植物保护，2004，30（2）：57-59.
[55] 焦维成，杨军，周振元，等. 麦套稻全量秸秆还田新技术研究. 安徽农业科学，2004，32（2）：216-217，230.
[56] 孙国才，陆彦，范美娟，等. 麦套稻田杂草种群变化及综合防除技术探索. 杂草科学，2004（4）：25-27.
[57] 王宝金，肖跃成，钱普祥. 麦套稻田“杂稻”发生特点及控制技术. 耕作与栽培，2005（1）：55-56.
[58] 孟建武，郁祖良. 超高茬麦套稻的生育特点及配套高产栽培技术. 上海农业科技，2005（4）：21-22.
[59] 郭勋斌，顾克礼，袁秦. 越冬杂草稻的发生与防治研究. 安徽农业科学，2005，33（7）：1180-1181.
[60] 袁晓丹，刘亮，曹凤秋，等. 杂草稻的研究现状与展望. 中国野生植物资源，2006，25（3）：5-7.
[61] 郭勋斌，田文科，顾克礼，等. 越冬红米稻的发生、危害及防治初探. 垦殖与稻作，2006（5）：48-50.
[62] 顾克礼，郭勋斌，刘世平，等. 麦秸全量还田超高茬麦田套稻技术研究现状及课题进展//中国农学会耕作制度分会. 现代农业与农作制度建设. 南京：东南大学出版社，2006：490-497.
[63] 李建青，周纪平. 麦套稻生育特性与栽培技术. 上海农业科技，2006（3）：50-51.

[64] 谢仁康，俞华林，王玉红，等. 麦套稻定量施氮与无氮栽培对稻株生长及产量的影响. 中国稻米，2006（3）：28-29.

[65] 陈德辉，李群，陆瑞平，等. 超高茬麦套稻高产群体质量控制技术研究. 作物研究，2006，20（3）：210-212，219.

[66] 郭勋斌，顾克礼，田文科，等. 超高茬麦田套稻秧苗素质研究. 江苏农业学报，2006，22（3）：212-216.

[67] 顾克礼，刘世平，郭勋斌，等. 超高茬麦田套稻麦秸全量自然覆盖还田对土壤肥力和稻米品质的影响. 江苏农业学报，2006，22（4）：410-414.

[68] 尹国军，张利钧，秦天斐. 麦套稻种植技术研究和效益分析. 上海农业科技，2006（5）：67-68.

[69] 徐世林，陈德辉，李群，等. 超高茬麦套稻发育特性及其高产栽培技术研究. 中国稻米，2006（5）：31-33.

[70] 吴永方，王德江，奚本贵，等. 麦套稻田杂草防除现状及2.5%稻杰·10%千金的应用效果. 安徽农业科学，2006，34（5）：943-944，959.

[71] 陈洪礼，田文科，蔡建华. 麦套稻应用现状及技术对策. 安徽农业科学，2006，34（7）：1326-1327.

[72] 雍友和，王芒顺. “麦套稻”种植模式下的灌溉用水管理. 江苏水利，2006（9）：35.

[73] 高红权，嵇友权，冯素明，等. 淮北稻区超高茬麦套稻生育特性及其关键栽培技术. 现代农业科技，2006（9）：13-14.

[74] 李荣刚. 麦套稻秸秆全量还田模式. 农家致富，2006（22）：47.

[75] 潘学彪，陈宗祥，左示敏，等. 江苏省杂草稻成因及防控策略. 江苏农业科学，2007（4）：52-54.

[76] 赵阳，吴庭友，王玉红，等. 麦套稻田杂草发生特点及防治对策. 中国稻米，2007（1）：63-65.

[77] 秦天斐. 超高茬麦田套稻施肥技术初探. 上海农业科技，2007（1）：41-42.

[78] 顾克礼. 我国自主创新成果——超高茬麦田套稻. 农业科技通讯，2007（1）：15.

[79] 李群，陈德辉，徐世林，等. 超高茬麦套稻壮苗强化栽培技术研究. 作物研究，2007，21（2）：92-95.

[80] 郭勋斌，顾克礼，田文科，等. 超高茬麦田套稻的生理特性. 江苏农业学报，2007，23（2）：149-150.

[81] 凌良振，谢仁康，俞华林，等. 宁粳1号麦套稻单产650公斤/667 m^2生育动态指标及精确栽培技术. 中国稻米，2007（3）：54-56.

[82] 张菊芳，王玉龙，王汝利，等. 受淹麦套稻的生育表现及培管技术. 江苏农业科学，2007（3）：24-27.

[83] 徐红艳，阙惠庭．套直播稻（麦）留高茬秸秆还田技术研究．上海农业科技，2007（6）：45-46．
[84] 范学东，田厚军，张敏，等．淮北地区麦套稻生育特性及高产栽培技术．安徽农学通报，2007，13（15）：103，107．
[85] 刘春艳．超高茬麦套稻秸秆全量还田的特点及栽培技术．现代农业科技，2007（21）：132．
[86] 陈先刚，纪拥军．麦套稻田水稻条纹叶枯病发生消长规律研究初报．现代农业科技，2007（23）：78-79．
[87] 徐世林，陈德辉，李群，等．稻田杂草稻发生规律及控制技术探讨．作物研究，2007，21（1）：35-37．
[88] 陈洪礼，蔡建华，郭勋斌．浅论杂稻发生特点及综合防除技术．北方水稻，2008，38（1）：54-56．
[89] 陆瑞平，刘建辉，汤义华，等．超高茬麦套稻单产 700 公斤/ 667 m^2 群体指标及精确定量栽培技术研究．中国稻米，2008（1）：45-47．
[90] 许美刚，范仁春，郭恒龙，等．麦套稻大田杂草稻的特征特性及防除技术．农技服务，2008（2）：100-101．
[91] 顾克礼，张菊芳，郭勋斌，等．超高茬麦田套稻高产机理．江苏农业学报，2008，24（2）：123-125．
[92] 曹方元，仇广灿，胡键，等．氰氟草酯防除麦套稻田杂草田间试验．大麦与谷类科学，2008（4）：40-42．
[93] 顾克礼．超高茬麦田套稻项目自主创新研发现状与成果转化难题浅析．科技创新导报，2008（12）：1-3，5．
[94] 许美刚，范仁春，郭恒龙，等．麦套稻大田杂草稻的特征特性及防除技术．农技服务，2008（2）：100-101．
[95] 郎崇兵，费厚城，顾克礼．红米稻诱发化除试验初报．现代农业科技，2008（6）：93，96．
[96] 郭勋斌，顾克礼，崔业荣，等．杂草稻的化学防除技术研究．杂草科学，2009（2）：26-29．
[97] 戴伟民，宋小玲，吴川，等．江苏省杂草稻危害情况的调研．江苏农业学报，2009，25（3）：712-714．
[98] 李茹．淮北地区直播稻田杂草稻的特征特性及防除技术．杂草科学，2009（4）：42-43．
[99] 朱凤生，陈海新，谢加飞，等．麦茬套播和直播稻田杂草稻的发生与防治．江苏农业科学，2009（5）：153-154．
[100] 贾东升，查联群，缪文华，等．泰州地区杂草稻发生特点及防控技术．安徽农学通报，2009，15（14）：149-150．
[101] 张桂平．超高茬麦田套稻高产高效栽培技术．河南农业，2009（1）：42．

[102] 张洪存，陶广淼，吴增元，等．超高茬麦田套稻操作技术．农家参谋，2009（2）：9．
[103] 张明学，陈亮树，严海峰，等．麦套稻在鄂北岗地区推广中存在的主要问题与对策．中国农技推广，2009，25（2）：26-28．
[104] 姜启顺，王宜春，潘久发，等．麦套稻丰产方 700 公斤/667 m^2 栽培途径探讨．北方水稻，2009（3）：78-79．
[105] 郭勋斌，顾克礼，崔业荣，等．套直播稻的生育特性和产量构成研究．江苏农业科学，2009（4）：87-88．
[106] 王文艳，赵玉春，石景松，等．超高茬麦田套稻技术的推广应用．现代农业科技，2009（4）：186-187．
[107] 谢仁康，杨永春，张文杰，等．麦套稻田杂稻发生特点及防控对策．中国稻米，2009（4）：54-56．
[108] 姜瑞芒，曾凡成．麦套稻栽培在丹江口市示范表现与技术改进意见．江苏农业科学，2009（6）：114-116．
[109] 郭勋斌，顾克礼，袁秦，等．套直播稻配套栽培技术．河北农业科学，2009，13（5）：15-16．
[110] 李进永，张大友，郭红，等．超高茬麦套稻不同共生期试验研究．现代农业科技，2009（11）：173，175．
[111] 李进永，张大友，郭红，等．超高茬麦套稻高产栽培技术．现代农业科技，2009（12）：175，177．
[112] 马秀凤，杨呈芹．麦套稻及其他栽培方式下水稻条纹叶枯病发生消长规律研究．现代农业科技，2009（21）：127-128．
[113] 翁明，缪文华，徐勇，等．陵凤优 18 麦套稻高产栽培技术．安徽农学通报，2010，16（4）：81-82．
[114] 王万峰，许秀梅，代延安，等．红米杂稻的发生、危害及其防治．中国种业，2010（5）：13-14．
[115] 杨俊霞．麦田套稻项目工作成效显著．河南农业，2010（7）：59．
[116] 陈少工．江淮东部地区常规粳稻麦套稻（无共生期）栽培技术．安徽农学通报，2010，16（12）：83．
[117] 扬州市农业局．扬州市超高茬麦田套稻技术推广论文集（2005—2008 各年度）．
[118] 扬州市农科院．超高茬麦（油）套稻科技扶贫\科技进村入户资料汇编，2008．

后　记

超高茬麦（油）套稻技术集多熟种植、旱育、免耕、免插和秸秆全量自然还田等低碳技术于一体，是栽培技术的革新、耕作制度的创新。这项技术同时具有节能减排、耕地培肥、粮食增产、农民增收等四大优势，且适用范围为全国十多个省市约 14 000 万亩的稻麦（油）两熟地区，越来越受到相关部门的重视和各地农民的欢迎。

超高茬麦（油）套稻是一项引智集成创新技术，是我国自然农法的研究成果。这项研究最早可追溯到 20 世纪 80 年代。1983 年，原江苏农学院教授黄细喜先生等率先引进了日本福冈正信的自然农法新理念。80 年代中期，顾克礼在原扬州市红旗良种场进行初步尝试。80 年代末，由黄先生发起，率先组建了江苏省自然农法研究协作组，开展了稻麦与三叶草双免双套等相关探索与研究，每年至少活动两次，并不定期编发《自然农法研究简报》。然而，正当研究初见成效时，肩负繁重教学、科研任务的黄先生却因过度劳累身患重病，不幸于 1994 年 6 月 4 日英年早逝，享年 59 岁。1994 年，扬州大学农学院张洪程教授组织了“稻麦双套种‘三高一轻’栽培新体系的研究与应用”课题组，继续相关栽培理论与实用技术的研究。

超高茬麦（油）套稻的研发，借鉴了我国20世纪70年代前后的麦套稻和侯光炯先生的垄作自然免耕经验，创新形成免耕套播与秸秆自然还田相结合的技术新体系。其研发的初衷是回归自然，恢复有生命的土壤。经过20多年的研发与成果转化再研究，进一步显示出这项技术对于当前解决秸秆禁烧禁抛难题、提高耕地质量、提升稻米品质和农民增产增收，具有重大现实意义，对于未来低碳农业可持续发展，更具有深远意义。

本书再版，增加了技术新标准、技术理论研究新成果、实用化技术研究新进展，特别是针对应对气候变化的低碳农业发展需求，阐述了本技术的低碳特点。此外，还增加了本技术的部分典型论证资料，可供相关专家领导参考。

本书适合农村基层干部、科技带头人和各级农业技术人员阅读，也可供相关农业领导、农业科研人员和农业院校师生参阅。

本书的成稿，除汇集了编著者20多年的研究成果外，也综合了全国稻麦（油）两熟不同生态区示范应用经验，参考了国内外相关研究资料。在此，对于资料提供者，对于多年来关心本技术成果转化的学者、专家和领导，对于多年来各地坚持不懈的实践者，一并致谢！